C.H.BECK WISSEN

in der Beck'schen Reihe

W0375283

Es gibt ganz unterschiedliche Weisen, zu zählen und Zahlen zu schreiben. Neben unserem Zehnersystem, das uns so natürlich vorkommt, gibt und gab es andere Zählweisen, etwa mit Zwölfer- oder Sechzigersystemen, die auch in unserer Sprache und Kultur vielfältige Spuren hinterlassen haben. Die Art und Weise zu zählen bestimmt nicht nur die Rechentechniken, sondern auch die symbolische Bedeutung von Zahlen, die so alt ist wie die Zahlen selbst. Harald Haarmann schildert knapp und anschaulich die Geschichte des Zählens, der Ziffern und der Zahlensymbolik von den frühestens Spuren in der Altsteinzeit über die Anfänge des Kalenderwesens bis hin zum weltweiten Siegeszug der Ziffer Null und zum binären System des Computerzeitalters. Zur Sprache kommen auch untergegangene altamerikanische Zählsysteme und die uralte chinesische Zahlenschreibung, die bis heute in Ostasien eine Rolle spielt.

Harald Haarmann, geb. 1946, gehört zu den weltweit bekanntesten Sprachwissenschaftlern. Er ist Vizepräsident des «Institute of Archaeomythology» in Sebastopol (USA), Mitglied des «Research Centre on Multilingualism» (Brüssel) und an mehreren größeren Forschungsprojekten beteiligt. Bei C. H. Beck erschienen von ihm u. a. «Geschichte der Schrift» (3. Aufl. 2007) und «Weltgeschichte der Sprachen» (2006).

Harald Haarmann

WELTGESCHICHTE DER ZAHLEN

Verlag C. H. Beck

Mit 23 Abbildungen

Originalausgabe
© Verlag C. H. Beck oHG, München 2008
Satz: Kösel, Krugzell
Druck und Bindung: Druckerei C. H. Beck, Nördlingen
Umschlagentwurf: Uwe Göbel, München
Printed in Germany
ISBN 978 3 406 56250 1

www.beck.de

Inhalt

Einleitung

Eine Kulturgeschichte der Zahlen ist mehr als die Geschichte von Zählweisen und Rechenmethoden. Zahlen haben in allen Kulturen auch symbolische oder «geheime» Bedeutungen. Es gibt Glückszahlen, Unglück verheißende Zahlen, magische Zahlen oder sakral und mythologisch bedeutsame Zahlen. Zunächst aber lässt uns die Vielfalt der Zählweisen staunen, die sich in den Kulturen der Welt entwickelt hat. Die «Ethnomathematik» erlebt seit einigen Jahren eine Renaissance und zeichnet ein immer bunteres Bild von Zähl- und Rechenmethoden. Den meisten Europäern scheinen die Dezimalzahlen eine natürliche Gegebenheit zu sein. Aber anderswo waren und sind Fünfer-, Zwölfer- oder Zwanzigersysteme ebenso geläufig.

Zahlen sind seit frühester Zeit Teil des menschlichen Daseins. Der archäologische Nachweis für einen systematischen Gebrauch von Zahlbegriffen lässt sich bereits für frühe Hominiden führen, für den archaischen Menschen (Homo sapiens neanderthalensis) und auch für den Homo erectus, den aufrecht gehenden Frühmenschen. Da der Umgang mit Zahlen abstraktes Denken voraussetzt, ist diese symbolische Tätigkeit demnach älter als das Kulturschaffen des modernen Menschen, des Homo sapiens sapiens.

Der Mensch hat seine Fähigkeit zu symbolischer Tätigkeit schon früh dafür mobilisiert, Zahlbegriffe zu notieren. Lange vor der Verwendung von Schrift, in der Jüngeren Altsteinzeit, wurden Kerbzeichen für «kalendarische Notizen» in Knochen geschnitten. Später, als sich in den technologisch entwickelten Gesellschaften der Antike die Schrift verbreitet hatte, wurde auch die Notation von Zahlen immer weiter systematisiert. Ausgeklügelte Systeme zur Zahlenschreibung sind aus Mesopotamien, Ägypten und China bekannt. Ganz unabhängig von der Kulturentwicklung in der Alten Welt entstanden auch im präkolumbischen Amerika numerische Notationssysteme und ein komplexes Kalenderwesen. Zähl- und Rechensysteme waren im Verlauf der Geschichte ständig im Fluss. Kulturelle Einflüsse und technische Innovationen sorgten für Veränderungen, und oft hing es von den Wechselfällen der Geschichte ab, ob sich ein System weiter verbreitete oder unterging. Auch unsere alltägliche Schriftlichkeit ist multikulturell geprägt. Wir schreiben mit dem lateinischen Alphabet, aber die Zahlen nach arabischer Tradition, die wiederum von der indischen Mathematik beeinflusst ist. Dass sich die arabisch-indische Zahlenschreibung in Europa und anderswo in der Welt durchgesetzt hat, hängt vor allem mit der Einführung der Ziffer 0 zusammen, die das Zählen und Rechnen auf eine neue Grundlage gestellt hat.

Die Geschichte der Zahlen ist bisher von Mathematikern geschrieben worden, deren kulturgeschichtliche Exkurse jedoch nur selten überzeugen (z. B. Ifrah 1987) oder deren Darstellungen zu anekdotenhaft und unsystematisch bleiben (z. B. Kaplan 2003). Auch Kulturwissenschaftler haben sich der Geschichte der Zahlen zugewandt, sich dabei aber auf bestimmte Regionen und Epochen und auf symbolische Bedeutungen konzentriert (z. B. Bischoff 2001 [1920] oder Endres/Schimmel 1988). Das vorliegende Buch will einen möglichst weiten Überblick über das Zählen und Rechnen in der Weltgeschichte bieten und dabei auch «exotische», bisher kaum beachtete Aspekte von Zahlensystemen zur Sprache bringen. Aufgrund der gebotenen Knappheit kann es nicht alle Ausformungen und Aspekte berücksichtigen, aber wenn es gelingt, einen Eindruck von der Vielfalt menschlichen Zählens und Rechnens zu vermitteln und die großen Entwicklungslinien deutlich zu machen, ist ein wichtiges Ziel erreicht.

Ich möchte dem Lektorat des Verlags C. H. Beck meinen besonderen Dank aussprechen: Ulrich Nolte hat dieses Opusculum mit fachmännischer Umsicht editorisch begleitet. Petra Rehder hat mir mit kritischem Blick Straffungen und Präzisierungen abgefordert. Angelika Oppenheimer (Hamburg) verdanke ich Hinweise auf die Rezeption kabbalistischen Ideenguts in der deutschen Frühaufklärung.

1. Anfänge des abstrakten Denkens in der Altsteinzeit

Konnten die Frühmenschen zählen? Die Suche nach einer Antwort wirft Licht auf unsere kulturelle Evolution und auf die Entwicklung unserer geistigen Fähigkeiten. Der Umgang mit abstrakten Motiven und Ideen – und damit auch mit Zahlbegriffen – setzt symbolische Tätigkeit voraus, wie überhaupt die Organisation unserer Kultur gleichgesetzt werden kann mit einer symbolischen Vernetzung unserer Erlebniswelt. Was die Menschen prähistorischer Gemeinschaften verband, war nicht nur die Fortpflanzung, das Werkzeugmachen (*man the toolmaker*; Oakley 1961) und die Versorgung mit Nahrung (*woman the gatherer*, Cashdan 1989), sondern auch die Fähigkeit, Symbolsysteme zu schaffen und die Welt danach zu ordnen. «Die Funktion, Symbole zu schaffen, ist eine der primären Aktivitäten des Menschen, so wie Essen, Sehen oder Sich-Bewegen. Es ist der fundamentale geistige Prozeß, und er dauert die ganze Zeit an» (Langer 1942: 32).

Es liegt somit auf der Hand: Der Homo sapiens sapiens ist nicht die einzige Hominiden-Spezies mit der Kapazität, abstrakte, numerische Vorstellungen zu entwickeln.

Die Frühmenschen und ihr Umgang mit Zahlen

Die Fähigkeiten des Homo erectus, der vor 1,9 bis 0,3 Mio. Jahren lebte, werden bis heute unterschätzt. Tatsächlich war er ein geschickter Jäger und konnte abstrakt denken. Seine symbolische Tätigkeit ist heute noch sichtbar, und zwar in Gestalt von Kerbzeichen auf Tierknochen. Die ältesten Markierungen dieser Art finden sich auf dem Schienbeinknochen eines Wildtieres, möglicherweise eines Auerochsen. Senkrechte Zeichen sind in vier Gruppen angeordnet, eine Zweiergruppe, eine Dreiergruppe und zwei Vierergruppen (Haarmann 2007: 42f.). Eine solche systematische Anordnung von Ritzzeichen war intendiert, und dies schließt die Zufälligkeit von Kratzspuren (von Tieren) oder Schabspuren im Geröll aus. Der Knochen stammt aus einer Höhle im Nordwesten Bulgariens, die vom Homo erectus bewohnt war. Das Alter des Habitats wird auf 1,1 Mio. Jahre angesetzt.

Älter als 0,35 Mio. Jahre sind systematisch angereihte Ritzungen des Homo erectus auf einem Tierknochen von einem Fundort bei Bilzingsleben in Thüringen. Drei Zahlengruppen werden unterschieden: eine mit sieben Strichen, eine mit vierzehn Strichen, eine weitere mit sieben Strichen. Diese Anordnung der Strichmarkierungen ist als Notation in Verbindung mit den Mondphasen gedeutet worden, die alle sieben Tage wechseln (Schössler 2003). Das Profil der Sichel des zunehmenden Monds ist sieben Tage nach Neumond sichtbar, das der Sichel des abnehmenden Monds sieben Tage nach Vollmond. Dazwischen liegen vierzehn Tage.

Auch der archaische Mensch (Homo sapiens neanderthalensis) vor ca. 400 000 bis 30 000 Jahren kannte verschiedene abstrakte Motive wie das Zick-Zack-Muster oder das Kreuz-Zeichen. Variationen des Letzteren findet man beispielsweise auf dem Mammutzahn von Tata (Ungarn), dessen Alter auf 100 000 Jahre datiert wird. Eindeutige visuelle Belege für die Fähigkeit, mit Zahlbegriffen umzugehen, gibt es im Fall des Neandertalers bisher nicht. Er hatte allerdings nachweisbar einen Sinn für Symmetrie (dokumentiert in Form zweischneidiger Steinklingen) und Symbolkraft (z. B. das Bestreuen von Leichnamen mit rotem Ocker, eine Sitte, die an ähnliche Praktiken in traditionalen Kulturen erinnert, die Lebenskraft zu symbolisieren), sodass wir davon ausgehen können, dass der Neandertaler – ähnlich wie der Homo erectus – seine Fähigkeit zu abstraktem Denken aktiviert hat.

Frühes Rechen- und Kalenderwesen des Homo sapiens sapiens

Gleichsam als Erbgut des Frühmenschen hat der moderne Mensch die Fähigkeit zum abstrakten Denken übernommen, und damit auch die Fähigkeit zum Zählen und Rechnen. Wann hat dann der moderne Mensch diese Fähigkeit erstmals demonstriert? Lange Zeit glaubte man, dass sich die symbolischen Kapazitäten explosionsartig in der Periode zwischen ca. 40 000 und 30 000 vor heute entfaltet hätten. Aus jener Zeit stammen die frühesten Manifestationen für darstellende Kunst, Ornamente und die Verwendung abstrakter Motive in der Höhlenkunst Westeuropas. Neueste Funde verlegen aber die Anfänge des abstrakten Symbolgebrauchs viel weiter zurück, nämlich in einen Zeitraum vor mehr als 70 000 Jahren.

Die Spuren weisen nach Afrika, und zwar in die Höhlen an der Südspitze des Kontinents, die von Frühmenschen bewohnt waren. In der Blombos Cave an der Küste des Indischen Ozeans hat man die bislang frühesten ornamentierten Artefakte unserer Spezies gefunden (Henshilwood 2002). Es handelt sich dabei um einige sorgfältig bearbeitete Stücke von Ocker, deren Oberfläche glatt geschabt und poliert ist, darauf sind geometrisch eingeritzte Motiven in einem komplexen Muster eingeritzt. Dies sind gerade Linien in paralleler Anordnung und rhombische Motive. Es kann nur spekuliert werden, ob die parallelen Linien numerischen Wert besaßen.

Unsere frühen Vorfahren in Afrika hatten also einen ausgeprägten Sinn für Symmetrie und für die Konturen abstrakter Formen. Zählen konnten sie vermutlich auch schon, dies legt zumindest die zahlensymmetrische Anordnung von durchbohrten Muscheln als Anhänger für eine Halskette nahe, die ebenfalls zu den Fundstücken der Blombos Cave gehört.

Der definitive Nachweis numerischer Notation stammt erst aus viel späterer Zeit, aber ebenfalls aus Afrika. Bereits in den 1930er Jahren wurde der Aufsehen erregende Fund eines steinzeitlichen Knochens mit eingekerbten Linienmustern gemacht, aber erst vor einigen Jahren konnte das hohe Alter dieses Objekts durch eine kalibrierte C-14-Datierung auf ca. 22 000 Jahre vor heute bestimmt werden. Der Fundort Ishango liegt am Nordufer des Rutanzige-Sees im östlichen Grenzland der Demokratischen Republik Kongo (ehemals Zaïre) zu Uganda. Die Kerben sind in drei Spalten angeordnet (Abb. 1).

Es wird vermutet, dass die Zeichen Zahlbegriffe symbolisieren, wobei Zahlen und deren Summen unter der Voraussetzung

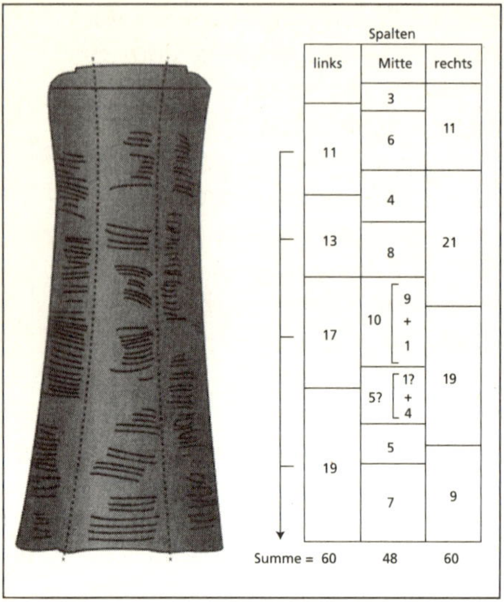

Abb. 1: Systematisch platzierte Kerbzeichen auf dem Knochen von Ishango (nach Huylebrouck 2006: 13)

ein konsistentes System bilden, dass zwei parallele Zählweisen verwendet wurden, und zwar zum einen mit der Basis 6 (in Erweiterung der Basis 12) und zum anderen mit der Basis 10. «Dann nämlich passen die Zahlen aus der mittleren Spalte unten sowie aus der linken Spalte ins Sechsersystem: $5 = 6 - 1$, $7 = 6 + 1$, $13 = 2 \times 6 + 1$, $17 = 3 \times 6 - 1$, $19 = 3 \times 6 + 1$. Entsprechend sind die Zahlen der rechten Spalte mit der Basis 10 gebildet: $9 = 10 - 1$, $11 = 10 + 1$, $19 = 2 \times 10 - 1$ und $21 = 2 \times 10 + 1$» (Huylebrouck 2006: 13).

Welche Funktion diese Zahlennotation hatte, ist bislang ungeklärt. Es ist auch darüber spekuliert worden, ob nicht die Zählweisen mit verschiedenen Basen von Zentralafrika aus in andere Regionen «exportiert» wurden, so nach Ägypten und Mesopotamien. Für solche Spekulationen lassen sich jedoch keine konkreten Indizien beibringen.

Aus Europa sind ebenfalls Tierknochen mit intentionalen Ritzungen bekannt, nämlich aus der Periode der paläolithischen Höhlenmalereien. Hier sind die Anfänge eines Kalenderwesens bei unserer Spezies zu suchen (Marshack 1991). Es ist bemerkenswert, dass die Dokumentation für einen numerischen Zeichengebrauch in die Spätphase der Magdalenian-Periode (ca. 17 000–ca. 10 000 vor heute) fällt. Die Notationstechnologie ist demnach eine späte Innovation dieser paläolithischen Kulturperiode, die mit der Ausmalung der ältesten Höhlen um 32 000 vor heute beginnt (Haarmann 2007: 91 ff.).

Die Höhlen Frankreichs und Spaniens dienten sehr wahrscheinlich als Ritualplätze. Zu den Gegenständen, die dort gefunden worden sind, gehören unter anderem Geweihknochen von Rentieren und Hirschen sowie Elfenbein (des Mammut) mit eingekerbten Tierbildern und abstrakten Motiven. Man nimmt an, dass die beschrifteten Knochen Schamanen als mnemotechnische Hilfsmittel – als sog. «Kommandostäbe» (nach franz. *bâtons de commandement*) – zur Bestimmung des Zeitpunkts saisonaler Zeremonien gedient haben. Mindestens 12 000 Jahre alt ist der «Kommandostab» von Cueto de la Mina in der spanischen Provinz Asturias. Er ist mit Bildmotiven (z. B. Köpfen von Steinböcken) versehen, außerdem mit Punkten und strichförmigen Einkerbungen, die wohl informativen Zwecken dienten, möglicherweise der Berechnung von Mondphasen (Haarmann 1992: 54 ff.)

Solche Notationssysteme sind ganz berechtigt als eine der komplexesten kulturellen Entwicklungen einer Gesellschaft paläolithischer Jäger und Sammler unserer Spezies gewertet worden. Die Idee, Zahlbegriffe durch Kerbzeichen zu «notieren», hat sich durch die Jahrtausende erhalten. Bis zum Beginn der Neuzeit waren Kerbhölzer in Europa, Afrika und Asien in Gebrauch. Im Deutschen hat sich die Ausdrucksweise erhalten, wonach jemand, der «etwas auf dem Kerbholz hat», eine Reihe von Verfehlungen begangen hat.

Ähnliche Symbole wie auf den Kommandostäben finden sich auch an manchen Stellen in den Bildkompositionen der paläolithischen Höhlen. Strichzeichen und Punkte in verschiedenen Kombinationen sind sowohl aus Westeuropa als auch aus den eiszeitlichen Höhlen im südlichen Ural bekannt. In diesen ursprünglichen Verbreitungszonen scheint sich die Zahlennotatiton im Übergang zum Neolithikum (jüngere Steinzeit) zu verlieren. In anderen Gebieten zeigt sie jedoch Kontinuität, wie zum Beispiel in der Alpenregion Norditaliens.

In der Val Camonica (Provinz Brescia) hat sich die symbolische Tätigkeit der lokalen Bevölkerung in unzähligen Felsbildern niedergeschlagen (Anati 1979). Die ältesten Bilder stammen aus dem 5. Jt. v. Chr., die jüngsten aus dem Mittelalter. Bestimmte Motive und Symbolformen tauchen immer wieder auf, dazu gehören abstrakte Zeichen wie Punkte, Striche (horizontal und vertikal) und Halbkreise. Auch für die Konfigurationen solcher Zeichen findet sich keine andere Deutung als die, dass es sich um Zahlennotation handelt. Welche Zahlbegriffe allerdings mit den verschiedenen Symbolen assoziiert wurden und um welches Ordnungssystem (Dezimalsystem?) es sich handelt, ist nicht bekannt.

Die Zahlenschreibung mit Hilfe von Punkt- und Strichzeichen ist aus vielen Kulturen der Welt bekannt und war in der Alten Welt (Europa, Asien) wie auch im präkolumbischen Amerika gebräuchlich. Die Ähnlichkeiten, die in der Verwendung dieser elementaren Motive für die Zahlennotation in weit auseinander liegenden Regionen zu beobachten sind, weisen nun nicht auf Ideentransfer über weite Distanzen in prähistorischer Zeit, sondern sind als spontane lokale Innovationen des menschlichen Erfindungsgeistes zu werten, so wie zu einem späteren Zeitpunkt mit Schrifttechnologie an verschiedenen Orten der Welt unabhängig voneinander experimentiert wurde (Haarmann 2007: 91 ff.).

2. Jenseits von Zählen und Rechnen: Symbole, Mythen und Magie

Paläolithische Spuren

Wir Menschen des Informationszeitalters assoziieren mit den prähistorischen Zahlennotationen spontan die Aktivität praktischen Zählens. Schon seit grauer Vorzeit begleiten uns allerdings auch magisch-symbolische Konnotationen von Zahlbegriffen, und auch dafür gibt es Hinweise in den paläolithischen Höhlen Europas. Striche und Punkte, einzeln und in Gruppen, findet man in den Bildkompositionen vieler Höhlen. Die Assoziation solcher abstrakten Motive mit mythischer Numerologie verbleibt aber zumeist im Spekulativen. Doch gibt es einen Ort, wo sich die Forscher über die Symbolfunktion abstrakter Motive einig sind, und das ist eine der eiszeitlichen Höhlen im Ural-Gebirge.

Die Ignatievka-Höhle liegt im Flusstal des Sim (Haarmann 2007: 50 f.). Der Zugang zur Höhle öffnet sich rund 12 m über dem Niveau des Flusses im Hang einer Sandsteinformation. Tief im Innern des Höhlenlabyrinths, in der hintersten Halle, eröffnet sich dem Betrachter ein Kaleidoskop gemalter Bilder und abstrakter Motive mit mystisch verklärtem Inhalt. Im sog. «roten Panel» an der Höhlendecke finden sich die größten Bilder mit einer Länge von über 1 m. Am markantesten sind die Bilder einer Frau mit gespreizten Beinen und eines Wildstiers. Von der Vulva der Frau geht eine Punktreihe aus, und zwei weitere verlaufen parallel zu den Beinen. Die längere Punktreihe weist auf eine Punktreihe auf der anderen Seite der Bildkomposition, die von der Brustpartie des Stiers ausgeht (Abb. 2).

Von besonderem Interesse sind die Gruppierungen der Punkte in den Reihen. Sie werden von den Forschern mit der Zahlenmythologie der uralischen Völker assoziiert, denn nach Aussagen der Humangenetiker und Archäologen waren diejenigen, die die Höhlen des Ural ausmalten, entfernte Vorfahren der heutigen uralischen Völker, der Finno-Ugrier im östlichen Europa und der Samojeden in Sibirien. In den Punktformationen der Höhlenbilder treten magische Zahlen auf, und zwar die 4 (die das weibliche Prinzip symbolisiert), 5 (Symbolisierung des männ-

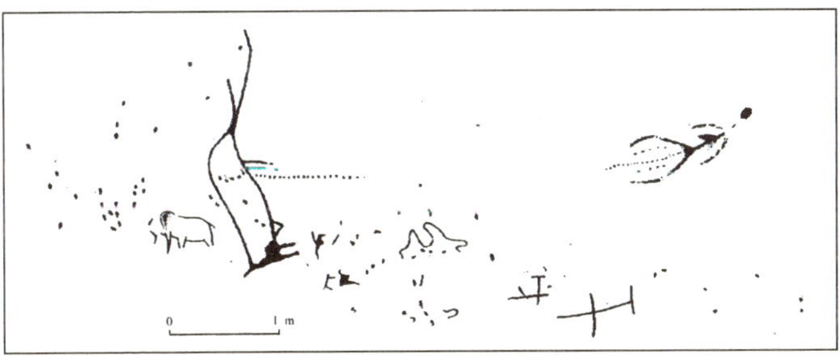

Abb. 2: Felsbildkomposition in der Ignatievka-Höhle im südlichen Ural, Russland (nach Haarmann 2007: 58)

lichen Prinzips), 7 (in mythischer Assoziation mit der Sonne, der Frau und der Erde). Die 7 wird auch mit der Sternkonfiguration des Großen Bären (mit seinen sieben Hauptsternen) in Verbindung gebracht.

Die Bilder in der Ignatievka-Höhle sind vor rund 14 000 Jahren entstanden. Möglicherweise war die Endhalle ein Zeremonialplatz, wo Initiationsriten abgehalten wurden. Das im Vergleich zu den anderen Bildmotiven übergroße Frauenbildnis wird als Personifikation der mythischen Urmutter gedeutet, der Schutzpatronin der Natur, Schöpferin allen Lebens. Im kulturellen Gedächtnis der uralischen Völker haben sich bis heute Vorstellungen erhalten, wonach alle Dinge in der Natur belebt sind und die Welt von weiblichen Schutzgeistern bevölkert ist. Seit der Jungsteinzeit manifestieren sich solche Vorstellungen konkret in der darstellenden Kunst, wo in Bildmotiven und im Dekor die uralische Tradition der Zahlensymbolik aufscheint (z. B. vierköpfige Fabelwesen oder Ketten mit sieben Anhängern).

Symbolische Konnotationen: Zahlen von 1 bis 13

Zahlen scheinen die Fantasie der Menschen schon seit Urzeiten in besonderem Maße zu bewegen, ja geradezu herauszufordern. Anders kann man sich nicht erklären, warum in jeder Kultur Zahlen mit Wertungen assoziiert werden, die mit dem Zahlwert als solchem wenig oder gar nichts zu tun haben. In jeder Kultur gibt es Vorstellungen von Glücks- und Unglückszahlen; dabei kann es sich um ganz verschiedene Zahlbegriffe handeln. Was dem einen seine Unglück bringende 13 ist, ist dem anderen seine unglückliche 4. Die mit Zahlen verbundenen symbolischen Wertungen sind kulturell und regional spezifisch, obwohl es einige allgemeinere Trends gibt, die auf eine weitere Verbreitung ähnlicher oder identischer Vorstellungen zu weisen scheinen. Die Abneigung gegen die 13 als Unglückszahl ist in auffallend vielen Kulturen anzutreffen, anderseits gilt sie in einigen Kulturen als heilig.

Solche Negativreaktionen mag man als abergläubisch abtun, viele Symbolwerte von Zahlen sind allerdings an alte religiöse und mythologische Vorstellungen gebunden, die einfach durch ihr traditionsreiches Eigengewicht das Wertungssystem vieler Menschen berühren. Dringt man in das erstaunliche und geheimnisvolle Dickicht kultureller Assoziationen und Wertungen ein, so wird sichtbar, wie lebendig bis heute die unterschwelligen, emotional oder kulturell konditionierten Regungen sind, die unseren Umgang mit Zahlen begleiten, ohne dass wir uns dessen immer bewusst sind. Vor allem die Grundzahlen haben seit jeher die Vorstellungskraft der Menschen magnetisch angezogen. In der folgenden Übersicht werden einige Trends magisch-symbolisch-mythischer Verknüpfungen für die Zahlbegriffe von 1 bis 13 vorgestellt.

Eins. Vielleicht ist die Eins die mystischste aller Zahlen, und es mag sein, dass sie deshalb in vielen Kulturen im Zusammenhang mit göttlichen Gestalten auftritt.

In Ägypten ist die Eins mit dem Schöpfergott Ptah assoziiert, in Mesopotamien mit der Gestalt des Anu. In den monotheistischen Religionen ist die Idee der unteilbaren Einheit und Einzigartigkeit ursächlich mit dem einzigen Gott verknüpft. Diese Tradition beginnt mit dem Monopol des Lichtgottes Aton in Ägypten zur Zeit Echnatons und seiner Gemahlin Nofretete (14. Jh. v. Chr.) und setzt sich im Judentum, im Christentum und im Islam fort.

In Verbindung mit der Göttlichkeit fasste man die Eins als Ausdruck des absoluten Seins auf, das nicht von anderen Existenzformen abhängig ist. In der christlichen Mystik des Spätmittelalters und der frühen Neuzeit (z. B. Agrippa von Nettesheim) entstanden auch Auffassungen über die Eins als Kraftquelle, die angeblich alle Zahlen durchdringe und damit deren Wirkung beherrsche.

Zwei. In der menschlichen Vorstellungswelt ist seit jeher die Zweiheit als eine naturgegebene Grundstruktur gewertet worden: als Dualität (z. B. paarige Körperteile; die Geschlechter), als Opposition (z. B. Diesseits und Jenseits), als Ausdruck widerstreitender, unvereinbarer Kräfte (z. B. Feuer und Wasser).

Aus der Polarität von Begriffen erwächst Spannung, wie im Fall der chinesischen Existenzprinzipien des weiblich ausgedeuteten Yin (Symbol der Erde) und des männlich aufgefassten Yang (Symbol des Himmels). In allen Religionen, seien es Varianten des Animismus in traditionalen Kulturen oder Modelle der Hochgottmonopole, existiert der Begriff der Zweiheit als Unterscheidung zwischen einer Sphäre des Göttlich-Spirituellen und dem Diesseits.

Am meisten Zündstoff für die menschliche Fantasie und daran orientierte Verhaltensformen hat die Zweiheit als Dichotomie im Sinne einer Zweiteilung mit gegensätzlichen Begriffspartnern geliefert. Die Auseinandersetzung mit antagonistischen Kräften durchzieht religiöse wie philosophische Denkmodelle. Die Dichotomie manifestiert sich als Widerstreit der moralischen Kategorien von Gut und Böse, des Kräftespiels zwischen der Gefühlswelt (Welt des *pathos*) und dem Intellekt (Domäne des *logos*), als sich gegenseitig ausschließende Existenzformen wie Frieden und Krieg. Die menschliche Identität beruht auf dem binären Prinzip des «Selbst (= Ich)» und des «Anderen (= Nicht-Ich)». Die Ich-Identität assoziiert das Eigene, Bekannte und Vertraute, während sich mit der Anders-Identität das Fremde, Unbekannte und vielleicht sogar das Feindselige verbindet.

Drei. In der mythologischen Tradition der Völker des nördlichen Sibirien, die in der Vorstellungswelt der eiszeitlichen Jäger und Sammler wurzelt (Hultkrantz 2001), gibt es die Idee der Trinität, der Dreifaltigkeit, und zwar in der Konfiguration des göttlichen Wesens (Mutter Sonne als Schöpfergestalt), des mythischen Bären (vielfach als Urahn des Clans angesehen) und der Wasservögel (als Mittler zwischen der sichtbaren und unsichtbaren Welt).

In den polytheistischen Religionen sind Auffassungen von einer Konzentration triadischer Kräfte verbreitet. In der sumerischen Tradition war diese Triade personifiziert in den Gestalten von Anu (Himmel), Enlil (Luft) und Ea (Erde). In der babylonischen Periode gewinnt die astrale Dreifaltigkeit von Sin

(Mond), Schamasch (Sonne) und Ischtar (Venus) an Bedeutung. In den ägyptischen Mysterienkulten existierte das Konzept der Dreifaltigkeit als göttliche Familie, von Isis, ihrem Gatten Osiris und ihrem Sohn Horus, der als Erlöser gilt. Nach altindischer Tradition tritt die Idee der Triade als Dreiheit von Göttergestalten auf (Agni, Soma, Gandharva), oder sie assoziiert sich mit Aspekten des täglichen Laufs der Sonne, der metaphorisch als die drei Schritte Vishnus verstanden wird. Die erhabene Dreiheit von Brahma (Schöpfer), Shiva (Zerstörer) und Vishnu (Erhalter) ist die höchste Entwicklungsstufe und gilt als Ausdruck der kosmischen Realität.

Das Prinzip der Dreiheit kann sich auch als Dreigliederung einer Einheit manifestieren. Dies entspricht den Konzeptionen von der biblischen Dreifaltigkeit Gottes, seines Sohnes und des heiligen Geistes, und von den drei Eigenschaften Marias, als Jungfrau, Mutter und als himmlische Königin. Der Weg der sündigen Seele zum Heil führt in Dantes «Divina Commedia» durch die drei Reiche des Jenseits, von der Hölle *(inferno)* über den Läuterungsberg *(purgatorio)* zum Paradies *(paradiso)*. Als ideales Versmaß diente Dante die dreigliedrige Terzine. Auch aus der griechischen Mythologie ist die Dreigliederung einer weiblichen Gottheit bekannt, der Göttin des Lebenszyklus, die als jugendliche Artemis auf Erden, als reife Frauengestalt der Mondgöttin Selene und als alternde Hekate, Herrin der Unterwelt, in Erscheinung tritt.

Vielleicht weil das Prinzip der Dreigliederung den Begriff der Einheitlichkeit assoziiert, sind aller guten Dinge drei. Der Ausdruck der Dreiheit als magische Bekräftigung in Orakel- und Zauberformeln ist seit der Antike bezeugt. Der Brauch, wichtige Wünsche durch dreimalige Wiederholung bestimmter Worte oder Gesten zu bekräftigen, ist weit verbreitet. Man sagt «toi, toi, toi» oder macht «drei Kreuze», beides symbolische Handlungen, die Zweckoptimismus ausdrücken. Man lässt Personen, die man beglückwünscht, «dreimal hochleben». Man darf dreimal raten, es werden einem drei Wünsche freigegeben, und man hat die Möglichkeit, etwas in drei Versuchen zu erreichen, ein Motiv, das viele Märchen und Sagen strukturell bestimmt. Hier wirkt unterschwellig die Vorstellung, wonach sich die Erfolgschancen durch wiederholten Versuch erhöhen.

Vier. Die Vier steht in vielen Kulturen symbolisch für die Weltordnung, und dies gilt für die unterschiedlichsten Zivilisationsstufen.

Man kann davon ausgehen, dass den Menschen der Steinzeit der Vier-Phasen-Verlauf des Mondzyklus (Neumond, zunehmender Mond, Vollmond, abnehmender Mond) aus eigener Anschauung vertraut war. Darauf stützten sich die ersten kalendarischen Aufzeichnungen (d.h. Ritzungen auf Knochen) der Eiszeitjäger (s. Kap. 1). In einer von Geistern belebten Welt muss die radikale «Formveränderung» eines nahen Gestirns einen nachhaltigen Eindruck auf die Menschen hinterlassen haben.

Als Ordnungsprinzip tritt die Vier in den verschiedensten Zusammenhängen auf, vor allem in der Einteilung der vier Himmelsrichtungen (die sich in manchen Kulturen, z.B. in Finnland und Thailand, mit den Nebenrichtungen zu einem achtgliedrigen Schema auffächert).

Im Christentum taucht die Vier in der Form des Kreuzes mit vier Enden auf, dann in der Lichterzahl des Adventskranzes, die für die Zeitmarken (vier Sonntage) der Erwartung der Geburt Christi stehen.

Bei den Sioux-Indianern besteht die Weltordnung aus den vier Grundelementen Sonne, Mond, Erde, Himmel, und diese stehen in Beziehung zur viergliedrigen Zeit (Tag, Nacht, Monat, Jahr).

In der jüdischen Mystik (Kabbalah) ist die Welt in vier Sphären gegliedert: Aziluth (Welt der Emanation, aus der alles hervorgeht), Beriah (Welt der Schöpfung), Jezirah (Welt der Ausgestaltung) und Asiya (Welt des Sichtbaren).

In der präkolumbischen Weltanschauung der Maya stand der heilige Baum *(ceiba)* im Zentrum, und von dort führten vier Wege in die Gegenden der Welt.

Auch im Brahmanismus ist die Vier ein Ordnungsträger. Der Gott Shiva wird oft mit vier Armen dargestellt, und es ist von seinen 64 (= 4 × 4 × 4) Vergnügungen die Rede.

Für die Japaner dagegen ist die Vier eine Unglückszahl, und

dieser Glaube ist bis in unser Informationszeitalter lebendig geblieben. In japanischen Hotels, in denen überwiegend Japaner verkehren, gibt es keine Zimmer mit der Nr. 4. Das Japanische kennt zwei Ausdrücke für die 4, das einheimische *yon* und das aus dem Chinesischen entlehnte *shi*. Lautlich ist dieser Ausdruck dem japanischen Wort *shinu* ähnlich, und das bedeutet ‹sterben›.

Fünf. Die Fünf ist als ungerade und nicht teilbare Zahl seit alters Gegenstand magisch-symbolischer Vorstellungen und mystischer Spekulation gewesen, und auch in der Neuzeit haben sich Dichter und Denker nicht davor gescheut, der magischen Rolle der Fünf ihre Reverenz zu erweisen.

«Für C. G. Jung ist die Fünf die Zahl des natürlichen Menschen (man denke an den Rumpf und 2 × 2 Arme und Beine), und Goethe, in seiner tiefen Einsicht in die alte Zahlensymbolik, schlägt in den ‹Wahlverwandtschaften› für freie Liebe vor: ‹Eine Zeitehe auf fünf Jahre – eine schöne, ungrade, heilige Zahl› – als kontrastierend mit der auf Vier basierten ‹sozialen Familie›, die in ‹Tisch und Bett, Haus und Hof› eingeschlossen ist» (Endres/Schimmel 1988: 121).

Die Fünf ist seit den Zeiten der babylonischen Astronomie und Astrologie die eigentliche Venuszahl. Werden die Konjunktionen des Venussterns – des Symbols der Göttin Ischtar – nach ihrer Platzierung im Tierkreis in einen Jahreszyklus eingefügt, ergibt sich ein Fünfeck, ein Pentagramm. Die Fünf und das Pentagramm als Symbol spielen in den magischen Künsten eine bedeutende Rolle.

Auch die Chinesen kennen das Pentagramm und sind sich seiner Bedeutung im Zusammenhang mit den Konstellationen der Planeten, insbesondere der Venus, bewusst. Mit Hilfe des Pentagramms wurden visuell die Beziehungen zwischen den fünf Elementen hergestellt. An jeder Ecke wird je eines der Elemente bezeichnet, wobei man deren Beziehungen zueinander in folgender Weise interpretierte: ERDE saugt Wasser, WASSER löscht Feuer, FEUER schmilzt Metall, METALL schneidet Holz, HOLZ pflügt Erde.

Viele Dinge, Wesen und Eigenschaften treten nach chinesischer Überlieferung in Fünfergruppen auf: heilige Berge, Getreidearten, Adelsstufen, menschliche Beziehungen, Tugenden, Glücksgüter, moralische Qualitäten, klassische Bücher, Hauptwaffen und Strafen. Die chinesische Musik basiert seit jeher auf der Pentatonik. Die Fünf und Fünfergruppen sind auch Glückssymbole, die vorzugsweise mit dem Symbol für Langlebigkeit (stilisiertes chinesisches Schriftzeichen) zusammen auftreten (z. B. fünf Fledermäuse, fünf Hakenkreuze, u. ä.). Zu Neujahr wünscht man sich in China «fünffaches Glück».

Sechs. Die Sechs wurde schon von den Sumerern als vollkommene Weltzahl angesehen, vielleicht deshalb, weil sie sowohl die Summe (1 + 2 + 3) als auch das Produkt (1 × 2 × 3) ihrer einzelnen Glieder ist. Wahrscheinlich als Widerhall der sumerischen Tradition, die sich bei den Babyloniern fortsetzte, erscheint die Sechs in einem wichtigen biblischen Zusammenhang, wo es um den Aspekt der Vollkommenheit geht, nämlich in der Schöpfungsgeschichte.

Gott schuf die Welt in sechs Tagen. In der exegetischen Literatur wird schon früh die zeitlose Symbolik der Sechs unterstrichen. Augustinus (gest. 430) betont, dass Gott die Zahl von sechs Tagen für die Schöpfung wegen deren Vollkommenheit gewählt habe. Noch prägnanter äußert sich Hrabanus Maurus (gest. 856) zu dieser Frage: «Die Sechszahl ist nicht vollkommen, weil Gott die Welt in sechs Tagen schuf; vielmehr hat Gott die Welt in sechs Tagen vollendet, weil die Zahl vollkommen war.» Die biblische Sechser-Symbolik setzt sich im Neuen Testament fort. Nachdem er gekreuzigt worden war, starb Jesus am sechsten Tag der Woche zur sechsten Stunde. In Matthäus 25, 34–36 erscheint die Sechs als Symbol der guten Werke (vita activa).

Vielfachen Deutungsversuchen zum Trotz ist die Reihung der Sechs (6-6-6 = 666) als Zahl mysteriös geblieben, mit der Johannes, einer der Jünger Jesu, das «Tier der Apokalypse», den Antichrist benennt. Nur Christus besitzt die Macht, dieses Unheil stiftende Ungeheuer zu bändigen. «Und es macht, dass sie allesamt, die Kleinen und die Großen, die Reichen und die Armen, die Freien und Knechte, sich ein Malzeichen geben an ihre rechte Hand oder an ihre Stirn, dass niemand kaufen oder verkaufen kann, er habe denn das Malzeichen, nämlich den Namen des Tieres oder die Zahl seines Namens. Hier ist Weisheit! Wer Verstand hat, der überlege die Zahl des Tieres; denn es ist eines Menschen Zahl, und seine Zahl ist sechshundertsechsundsechzig» (Offenbarung des Johannes 13,16–18).

Wenn es zutrifft, dass der als Schüler Jesu genannte Johannes eine historische Person ist und den Text der Offenbarung selbst verfasst hat (in der Zeit nach 85 n. Chr. in Ephesus), so geschah dies unter dem Eindruck der ersten folgenschweren Christenverfolgung unter dem römischen Kaiser Nero, der im Jahre 68 n. Chr. durch Selbstmord endete. Die Summe der Zahlwerte für die Buchstaben seines Namens ergibt nach dem hebräischen System (Ksar Neron) insgesamt 666 (Ifrah 1987: 348; s. Kap. 7). Möglicherweise hat Johannes auf den Verfolger der frühen Christen, den Antichrist, mit einem geheimen Zahlencode verwiesen, um die Römer nicht durch eine offene Anklage des Gottkaisers zu weiteren Ausschreitungen gegen die Christen herauszufordern.

Sieben. In der mythisch-magischen Numerologie des alten Ägypten besaß die Sieben eine zentrale Bedeutung. Bilderfriese und Hieroglyphentexte der Grabkammern enthalten diesen Zahlbegriff in der siebenfachen Wiederholung bestimmter Bildmotive oder Hieroglyphensymbole, so im Zusammenhang mit den Pforten der Unterwelt, die zu durchschreiten waren, mit den feindlichen Kräften, die dem Verstorbenen den Zugang zum Jenseits verwehren konnten, mit Schutzgeistern, die die Seele begleiteten, u. ä.

Die Sieben spielte bereits in der altorientalischen Astronomie und Astrologie eine wichtige Rolle. Den Hintergrund dafür boten Beobachtungen zu den Mondphasen, die sich an jedem siebten Tag ändern, sowie zur Sternfiguration des Großen Wagens, die das ganze Jahr über am nördlichen Himmel sichtbar ist. Die babylonische Sternkunde unterschied insgesamt sieben Hauptgestirne: Sonne, Mond, Merkur, Venus, Mars, Jupiter und Saturn. Die Sieben fällt auch als Ordnungsprinzip in der mesopotamischen Architektur und Kunst auf. Die Stufenpyramide *(zikkurat)* hatte sieben Stockwerke, der Tempel des Priesterkönigs Gudea von Lagasch mit seinen sieben Stufen wurde «das Haus der sieben Teile der Welt» genannt, und die Darstellung des mythologischen Lebensbaums auf Siegeln und Gefäßen zeigt sieben Zweige mit jeweils sieben Blättern.

Die religiöse Symbolik der Sieben setzt sich in der Bibel fort und durchzieht das Alte wie das Neue Testament. Interessanterweise tritt die Sieben sowohl in positiven als auch in negativen Konnotationen auf.

Positiv-konnotierte Symbolik der Sieben: Moses wird von Gott aufgefordert, einen siebenarmigen Leuchter (Menora), herzustellen; Salomons Tempel in Jerusalem hat sieben Stufen; bei der Einweihung des Tempels fand ein siebentägiges Opferfest statt; Noah lässt eine Taube fliegen, die nach sieben Tagen zurückkommt; die Zahl 7 taucht wiederholt als Symbol göttlicher Weisung und günstiger Fügung im Zusammenhang mit der Eroberung Jerichos durch die Israeliten auf.

Negativ-konnotierte Symbolik der Sieben: Die Sintflut kündigt sich sieben Tage vor der Katastrophe an; Ägypten wird von sieben Plagen heimgesucht; der Maria Magdalena werden die siebenfachen Teufel ausgetrieben.

Die Sieben erscheint aber auch im selben Kontext sowohl in positiver als auch negativer Wertung: «Sieben Jahre kommen, da wird großer Überfluss in ganz Ägypten sein. Nach ihnen aber werden sieben Jahre Hungersnot heraufziehen» (Genesis 41, 29–30). Diese Gegenüberstellung macht den Eindruck einer Reihung mit der Sieben als zentralem Begriff, ähnlich wie das aus Märchen bekannt ist (z. B. sieben auf einen Streich im «Tapferen Schneiderlein»).

Die Festlegung des siebten Tags als Ruhetag und seine Bestimmung als heilig muten wohl auf den ersten Blick wie eine positive Konnotation an. Tatsächlich aber ist die Motivation für diesen Kontext der Sieben negativ-konnotiert. Auch die negative Symbolik der Sieben geht auf vorbiblische Vorstellungen zurück. Im Kalender des babylonischen Herrschers Hammurabi

(18. Jh. v. Chr.) ist jeder siebte Tag des Monats (d. h. der 7., 14., 21. und 28. Tag) als Unglückstag ausgewiesen. Der Überlieferung zufolge unternahmen die Babylonier an solchen Tagen nichts Wichtiges, aus Angst davor, es könne misslingen. Später wurde diese Wertung positiv umgedeutet, indem man sagte, der siebte Tag dürfe, da er heilig sei, nicht durch Arbeit «entweiht» werden. Über die biblische Tradition hat sich die Zeitordnung der Sieben-Tage-Woche sowie des siebten Ruhetags in weiten Teilen der Welt verbreitet.

Steht die Warnung vor dem «verflixten siebten Jahr», die frisch verheirateten Paaren mit auf den Weg gegeben wird, vielleicht im Zusammenhang mit der alten Tradition einer negativen Konnotation der Sieben? Oder scheint hier ein Erfahrungshorizont auf, der sich in der anthroposophischen Menschenlehre als Sieben-Jahres-Rhythmus artikuliert?

Vorstellungen von der Sieben als Glückszahl sind bis heute verbreitet. Prominente pflegen mitunter einen magischen Zahlenkult mit der Sieben. Einer der international bekanntesten Fußballstars unserer Zeit, David Beckham, schwört auf die Sieben als sein persönliches Erfolgssymbol. Er trägt ein Trikot mit der Nummer 7, und auf seinen rechten Unterarm ist eine römische Sieben (VII) tätowiert.

Acht. Die Acht ist ein altes Symbol für günstige Fügung. Das elamitische Venusjahr hat acht Monate, und ein achteckiger Stern ist – neben dem Pentagramm – das Symbol der Ischtar in Babylon. Positive Konnotation hat die Acht in der Bibel. Acht Menschen werden in der Arche vor der Sintflut gerettet, und der Tempel in Jerusalem wird acht Tage lang gereinigt (Endres/Schimmel 1988: 174). Mit der Acht verbindet sich im Islam die Vorstellung von den acht Paradiesen (gegenüber sieben Höllen).

Die Acht ist in vielen Zusammenhängen Ordnungsprinzip in der Zivilisation Chinas. Acht Attribute sind kennzeichnend für Lehren und religiöse Zusammenhänge. Der Buddhismus kennt acht Symbole, nach konfuzianischer Überlieferung gehören acht Emblemata zu einem Gelehrten, und in allen Kulturbereichen gibt es acht typische Dinge, wie etwa in der Musik die acht klassischen chinesischen Instrumente. Aus der chinesischen Mythologie sind die acht «Unsterblichen» bekannt, von denen jeder sein eigenes Attribut besitzt (Esel, Fächer, Flöte, magische Lotusblüte, Blumenkorb, Flaschenkürbis, Schwert, Kastagnetten). Damit verbunden ist die Rolle der Acht als verheißungsvolles Symbol. Bei der Festlegung der Daten für wichtige Ereignisse achtet man in China darauf, dass die Acht mit im Spiel ist. Augenfällig wird dies bei den Olympischen Spielen in Peking im Jahre 2008. Die Eröffnung findet am 8.8. statt und beginnt um 8 Uhr abends.

Neun. Die Neun hat als Potenz der heiligen Drei die mythische, kosmologische und religiöse Symbolik vieler Kulturen beeinflusst. Die klassische islamische Kosmologie kennt neun Sphären des Universums. Acht davon entsprechen denen des ptolemäischen Weltbilds, die neunte (arab. *falak al-aflak* ‹Sphäre der Sphären›) stellte man sich leer, d. h. ohne Sterne vor. Neun Himmelssphären werden auch in der abendländisch-christlichen Tradition der Kosmologie unterschieden, wobei astrologische Bezüge der Himmelskörper zu den neun Musen der antiken Überlieferung hergestellt wurden: Thalia (Komödie) zur Erde, Klio (Geschichtsschreibung) zum Mond, Kalliope (epische Dichtung) zum Merkur, Terpsychore (Chorlyrik, Tanz) zur Venus, Melpomene (Tragödie) zur Sonne, Erato (Liebesdichtung) zum Mars, Euterpe (Lyrik) zum Jupiter, Polyhymnia (Hymnendichtung) zum Saturn, Urania (Sternkunde) zum Fixsternhimmel.

Auch das Wissensgut der präkolumbischen Astronomen ist durchsetzt mit Zahlensymbolik. Auffällig ist die mit der Neun verknüpfte mythische Wertigkeit, da hier exemplarisch streng astronomische Beobachtungen mit astrologischen Vorstellungen aufs Engste verquickt werden. «In der mesoamerikanischen Mystik begleitet sie [die Neun] die neun *yohualteteuctin* (aztekisch: Herren der Nacht) oder *dzacab* (‹uranfängliche› Wesen der Maya). Diese Figuren versinnbildlichen die Kardinalpunkte der Venuskonjunktion, also jene neun Tage, an denen sich Erde und Venus auf einer Achse befinden» (Müller 1988: 167).

In der chinesischen Mythologie ist die Neun eine Glückszahl, beispielsweise symbolisiert in dem Motiv der neun Jungen des Phönix-Vogels (chines. *feng-huang*).

Zehn. Die Zehn mit ihren Potenzen (100, 1000 usw.) manifestiert sich im Symbolschatz vieler Kulturen. Für die Pythagoräer war die Zehn die allumfassende, allbegrenzende Zahl, die aus der Vielheit wieder die Einheit herstellt. Diese Interpretation gilt auch für Aristoteles, der zehn Kategorien anerkennt. Kulturhistorisch weiter zurück reicht die Symbolik der Zehn in der Bibel. Gott hat die Welt in zehnfacher Rede geschaffen, denn zehnmal heißt es: «Und Gott sprach», und auf die allumfassende Zehn wurde die Zahl der Gebote gebracht. In der jüdisch-kabbalistischen Symbolik wird der Kosmos in zehn Lichtkreise eingeteilt (s. Kap. 7). Zehn ist die Zahl der Bücher im altindischen Rigveda, und auch die buddhistische Lehre kennt zehn Gebote, fünf für den Mönch und fünf für den Laien.

Symbolisches Gewicht hatte die Zehn auch in ganz profanen Zusammenhängen. In der Bedeutung des Ausdrucks *dezimieren* scheint die Erinnerung an eine martialische Tradition der römischen Antike auf. In der römischen Armee stand auf Meuterei eine zahlensymbolische Strafe: jeder zehnte Soldat (lat. *decimus*) der Einheit, die betroffen war, wurde hingerichtet.

Elf. Die Elf wird in vielen Kulturen symbolisch mit dem Attribut des Unvollkommenen verknüpft, vielleicht weil ihre Position zwischen der vollkommenen Zehn und der Zwölf als Ordnungssymbol des geschlossenen Kreises liegt. Das Unvollkommene assoziiert sich spontan mit dem Negativen. Bereits in der altorientalischen Astrologie kennt man diese Eigenschaften. Der Tierkreis mit seinen zwölf Zeichen ist niemals vollständig sichtbar. Vielmehr sieht man ihn unvollkommen, wenn auch als großen Teilausschnitt, in Gestalt von elf Zeichen, wobei jeweils eines hinter der Sonne steht. Im altbabylonischen Schöpfungsbericht «Enuma elisch» wird dieser Sachverhalt mythisch ausgedeutet. Der Lichtgott Marduk erschlägt die Urmutter Ti'amat, zerstückelt sie und erschafft aus ihren Leichenteilen die Welt. Marduk besiegt auch die Chaosungeheuer, die Ti'amat beglei-

Abb. 3: Das Wappen der Stadt Köln

ten, und verbannt sie an den Himmel, wo er sich immer vor einen von ihnen stellt und ihn verdeckt.

Die biblische Symbolik kennt die Elf in Verbindung mit der Sünde, und sie wird nirgendwo mit göttlichen Taten assoziiert. In der christlichen Tradition begegnet man der Elf in der Legende von der heiligen Ursula, die auf elf Schiffen mit elf(tausend) Jungfrauen nach Köln kommt. Im Stadtwappen von Köln stehen elf Blutstropfen für die Begleiterinnen der Ursula. In Verbindung mit dem Märtyrertod der Heiligen könnte man an die negative Konnotation der Elf als Unglückszahl denken (Abb. 3).

Die rheinische Sitte, wonach die Karnevalszeit genau am 11.11. um 11 Uhr 11 eröffnet wird, beruht nach Endres/Schimmel (1988: 208) auf den «amüsanten Zahlenwerten». Es lässt sich aber auch eine tiefere Symbolik ausmachen, nämlich die Häufung der unvollkommenen Elf als Ausdruck des Ausbrechens der Menschen aus der gewohnten Ordnung. Die Zeit des Karnevals mit ihrer Narrenfreiheit wird zahlensymbolisch als Ausnahmezustand markiert. Der Ausnahmezustand wird vom Rat der Narren «organisiert», vom Elferrat.

Zwölf. Sehr alt ist die Assoziation der Zwölf mit Sternkonstellationen und dem jährlichen Zyklus der zwölfmaligen Erneuerung der Mondphasen. Die Zwölf war das Organisationsprinzip des Tierkreises in der altbabylonischen Astrologie, woher diese Gliederung auch – über griechische Vermittlung – in die Astrologie des Abendlandes übernommen wurde. Zwölf war die Zahl der im Altertum bekannten Sterne des nördlichen Himmels, und ebenfalls Zwölf die des südlichen Himmels. In der ägyptischen Mythologie unterschied man zwölf Pforten des Himmels und zwölf Tore der Unterwelt. Die Symbolik der Zwölf zieht sich durch die biblische Geschichte, wo von den zwölf Stämmen Israels, von den zwölf kleinen Propheten, von den zwölf Edelsteinen im Brustschild Aarons und anderer Hohepriester, von den zwölf Aposteln usw. die Rede ist.

Wie im Fall anderer Zahlen (z. B. der Sieben), zeigt sich im Kulturvergleich auch bei der Zwölf, dass sowohl positive als auch negative Konnotationen vorherrschen können. Beispielsweise spielte die Zwölf in der heidnisch-germanischen Überlieferung eine besondere, eher gefürchtete Rolle. Zwölf war die Zahl der Tage, die zwischen dem Mondjahr (mit 354 Tagen) und dem Sonnenjahr (mit 366 Tagen) eingeschoben wurden. Nachklänge der frühgermanischen Vorstellungen über die geheimnisvolle und Unheil bringende Zahl sind bis in die Moderne zu spüren.

Auf die Zeitspanne der zwölf Tage zwischen Weihnachten und dem Dreikönigstag (6. Januar) hat sich allerlei magisches Brauchtum projiziert (Endres/Schimmel 1988: 216). Dazu gehört die Furcht vor bösen Träumen, in denen sich unglückselige Ereignisse vorankündigen; es wird vermieden, Wäsche zu waschen und draußen zum Trocknen aufzuhängen, damit Wotan und die ihn begleitenden Geister sie nicht von der Leine reißen oder wegtragen; und manche fürchten sich auch davor, dass Haus und Hof in jenen zwölf Tagen von bösen Geistern heimgesucht werden könnten. In Sagen und Märchen, in Vampir- und Mystery-Geschichten hat sich bis heute die Vorstellung erhalten, wonach mit der Vollendung der zwölften, mitternächtlichen Stunde die Geister, Vampire und sonstige Gestalten der Unterwelt zum Leben im Zwielicht erwachen.

Dreizehn. «Nun schlägt's dreizehn!» Es gibt Zahlen, die in vielen Kulturen der Welt ähnliche Konnotationen haben, gleichsam stabile Symbolwerte. Die Dreizehn beispielsweise ist in weiten Teilen der Welt mehr als ein Zahlwert zwischen 12 und 14, sie ist eine Unglückszahl. Daher gibt es in vielen Hotels der westlichen Welt keine Zimmernummer «13» und keinen 13. Stock, und auch manche Fluggesellschaften (z. B. Lufthansa, KLM, Aeroflot) verzichten auf eine Nummerierung von Sitzreihen mit der Dreizehn. Und immer wieder bekommt die alte Scheu vor der Dreizehn selbst in unserer hochtechnologischen Zeit neue Nahrung: Beim Bau des Anbindungstunnels für die gigantische, im

Jahre 2000 fertiggestellte Öresund-Brücke zwischen Dänemark und Schweden ereignete sich ausgerechnet bei der Platzierung des Teilstücks Nummer 12a (nicht: 13!) das einzige schwere Unglück während der gesamten Bauzeit.

Die Babylonier richteten zur Überbrückung der fehlenden Tage im Mondjahr einen eigenen, dreizehnten Tierkreis ein, der «Rabe» hieß. Die vermutlich hier bereits entstandene negative Symbolik der Dreizehn hat eine christliche Ausdeutung erfahren, und die ist wohl vorrangig für die Unglück bringende Kraft der Dreizehn verantwortlich. Christus hatte insgesamt zwölf Jünger, zusammen waren sie also dreizehn. Judas, der Jesus verriet, war das «schwarze Schaf», der Dreizehnte. Die negative Konnotation manifestiert sich in bestimmten Kontexten auch visuell. Ein «augenfälliges» Beispiel hierfür findet sich in der christlich-koptischen Kirche im alten Bezirk von Kairo. Deren Kanzel ruht auf dreizehn Säulen. Von diesen sind zwölf in bräunlichem Marmor ausgeführt. Diese Säulen symbolisieren Jesus und die elf «guten» Jünger. Die dreizehnte Säule besteht aus schwarzem Marmor und steht für Judas.

Die Dreizehn kann aber auch sehr positiv besetzt sein. In der Kosmologie der präkolumbischen Maya war sie eine heilige Zahl. Es gab dreizehn Hauptgötter, die die dreizehn Himmelssphären beherrschten. Im Ritualkalender der Maya wurden zwanzig Monate mit jeweils dreizehn Tagen unterschieden (s. Kap. 5).

Vielleicht ebenso alt wie die Tradition der heiligen Dreizehn in Amerika sind entsprechende Vorstellungen im germanischen Kulturkreis. In den vorchristlichen Runeninschriften finden sich viele, häufig verdeckte Bezüge zur Zahlensymbolik. Die zahlenmagischen Assoziationen der Runentexte waren nur einem ausgewählten Kreis von Eingeweihten, den Zauberpriestern, vertraut, sodass einem modernen Betrachter der Sinn vieler Texte ungereimt und obskur vorkommt. Selbst Fachleute erkennen mitunter nur die Oberfläche und lassen sich über den tieferen Sinngehalt von Inschriften täuschen.

Abb. 4: Zahlwörter und ihre symbolisch-mythischen Konnotationen im Sanskrit (nach Ifrah 1987: 495)

eka	*dvi*	*tri*	*catur*	*pañca*	*ṣaṭ*	*sapta*	*aṣṭa*	*nava*
1	2	3	4	5	6	7	8	9

EINS

pitāmaha:	«Der erste Vater» (= Brahman)	*warā*	*mahī*	*abja*	*mrgaṅka*
ādi:	«Der Anfang»	*go*	*prthivī*	*indu*	*candra*
rūpa:	«Die Form»	*dhara*	*ksiti*	*soma*	*śaśāṅka*
tanū:	«Der Körper»	«Die Erde»		«Der Mond»	

ZWEI

Aśvin:	«Die Zwillingsgötter»	*netra, nayana:*	«Die Augen»
Yama:	«Das Urpaar»	*bahū:*	«Die Arme»
yamala, dasra, yugma		*gulpha:*	«Die Knöchel»
yugala, nāsatya, dvaya		*pakṣa:*	«Die Flügel»
Wörter, die Zwillingen oder Paare bezeichnen		Wörter, die symmetrische Organe bezeichnen	

DREI

guṇa *triguṇa*	*loka* *bhuvana*	*kāla* *trikāla*	*agni, vaiśvānara* *vahni, dahana*	*trinetra* *Haranetra*
«Die 3 Ur-eigenschaften»	«Die 3 Welten»	«Die 3 Zeitstufen»	«Das Feuer» (die 3 vedischen Feuer)	«Die 3 Augen Shivas»

VIER

sāgara	*Veda:*	(Heiliges Buch in 4 Teilen)
abdhi	*diœ:*	«Himmelsrichtung»
sindhu	*yuga*	«Kosmischer Zyklus» (es gibt 4)
ambudhi	*kṛta:*	(Name des ersten der 4 kosmischen Zyklen)
jaladhi	*irya:*	«Die (4) Grundhaltungen des menschlichen Körpers»
	Haribahū:	«Die (4) Arme Vishnus»
«Der Ozean»	*Brahmāsya:*	«Die (4) Gesichter des Brahma»

FÜNF

bāṇa	*Pāndava:*	«Die königlichen Brüder»
śara	*indriya:*	«Die (5) Sinne»
iṣu	*Rudrāsya:*	«Die (5) Gesichter des Shiva»
«Die (5 Pfeile (Kamas)»	*bhūta:*	«Elemente»
	mahāyajña:	«Opfer»
	prāṇa:	«Atem»

SECHS

aṅga:	«Die (6) Körperteile (Kopf + Rumpf + 2 Arme + 2 Beine)»
rasa:	«Die (6) Geschmacksarten»
ṛtu:	«Jahreszeit»
saṇmukha *kumāravadana*	} «Die (6) Gesichter des Kumara»

SIEBEN

aśva:	«Die (7) Pferde (der Surya)»
naga:	«Berg»
ṛṣi:	«Weiser»
bhaya:	«Furcht»
svara:	«Vokal»

ACHT

Vasu:	(Untergeordnete Götter; es gibt 8 Vasu)
gaja:	«Elefant»
nāga:	«Schlange» (8 Arten)
maṅgala:	«Glückverheißende Sache»
mūrti:	«Die (8) Gestalten Shivas»

NEUN

aṅka:	«Die (9) Ziffern»
chidra:	«Die (9) Öffnungen» (des menschlichen Körpers)
graha:	«Planeten»
Aja:	«Der Gott Brahma»

Mit Bezug auf die schlichte Inschrift auf einem der Goldhörner von Gallehus in der Nähe von Tondern (Dänemark), die aus der Zeit um 400 n. Chr. stammen, hatte Krause (1966: 9) angemerkt, es sei einer der wenigen Runentexte mit «eindeutig profanem Sinn». Vertieft man sich jedoch in die Symbolik der Buchstaben und der damit assoziierten Zahlzeichen, eröffnet sich eine ausgeklügelte Kompositionstechnik zahlenmagischer Begrifflichkeit: «Die Zahlensymbolik der Lautschrift tritt virtuos in Erscheinung. Aus- und nachzählbar für den Betrachter des Runenhorns war eine gleichzahlige Symbolik im Bildwerk; aus- und nachzählbar die dreizehn Silben der Langzeile oder die zweimal dreizehn auffällig doppelstrichig und quergeriefelt dargestellten Runenzeichen auf dem Runenring rund um das Goldhorn» (Klingenberg 1969: 204).

Die «heidnische» Heiligkeit der Dreizehn bei den Germanen wurde durch die christliche Unglückssymbolik überformt und umgedeutet, schließlich dann verdrängt.

Wir modernen Europäer neigen dazu, viele der magisch-mythischen Wertungen von Zahlen als Aberglauben abzutun, und wir bemühen uns, das praktische Zählen und die Zahlenwelt der Mathematik von solchen Vorstellungen freizuhalten. In früheren Zeiten galten solche rationalen Trennungen allerdings nicht. Dies lässt sich besonders eindrücklich für die alte indische Kultur illustrieren, in der mathematisches Wissen und mythisch-symbolische Aufladung der Zahlen in keinem Widerstreit zueinander stehen. Indische Gelehrsamkeit und insbesondere die Mathematik waren schon vor eineinhalb Jahrtausenden international hochgeschätzt, in China ebenso wie bei den Arabern, und Ost und West haben von indischem Know-how ausgiebig profitiert (s. Kap. 9). Dabei war die Welt, in der sich die indische Mathematik und andere Naturwissenschaften entfalteten, geprägt von religiös-mythischen Vorstellungen über die magische Macht der Zahlen. Im Sanskrit, der Jahrtausende alten Kultur- und Wissenschaftssprache, haben die Zahlen nicht nur elementare Namen, sondern sind alle symbolisch mit zusätzlichen Attributen verwoben (Abb. 4).

3. Zahlwortsysteme im Vergleich

Angesichts der Sprachenvielfalt unserer Welt verwundert es nicht, dass auch die sprachliche Repräsentanz der Zahlen einen erstaunlichen Artenreichtum aufweist. Die Zählweisen, Zahlennotationen und Rechenverfahren der Maya im präkolumbischen Amerika waren denkbar verschieden von denjenigen in Mesopotamien. Dennoch gelangten Mathematiker und Astronomen in beiden Kulturkreisen zu ähnlichen oder sogar identischen Erkenntnissen und Ergebnissen.

Unser heutiges Wissen über den Variantenreichtum von Zahlwortsystemen lässt sich zu einer umfassenden Typologie verdichten. Dabei wird deutlich, dass kein universelles Modell existiert, wie Zahlbegriffe zum Zweck des Zählens miteinander verknüpft werden. Es gibt also keinen Prototyp in der Architektur von Zahlensystemen, kein allgemein verbreitetes Ordnungsschema, an der sich die Infrastruktur unserer Sprachen orientieren würde.

Mit den Zahlwortsystemen in den Sprachen der Welt haben sich Sprachwissenschaftler wie auch Anthropologen seit langem beschäftigt. Keine der beiden Disziplinen hat bisher eine allseits akzeptierte Kategorisierung von Zahlwortsystemen erarbeitet. Auch Mathematiker haben zu dieser Problematik noch nicht das letzte Wort gesprochen.

Die Schwierigkeiten bei der Typologisierung von Zahlwortsystemen hängen zum einen mit den verschiedenen Ebenen zusammen, von denen aus man Zahlensysteme betrachten kann, zum anderen ergeben sich bei der Unterscheidung einzelner Typen Abgrenzungsprobleme. Soll man sich auf strukturelle Kriterien beschränken (z. B. die Differenzierung zwischen Zehner- und Zwanzigersystem) oder soll man Sprachkontaktphänomene einbeziehen (z. B. die Verwendung von Zahlwortdubletten in den Sprachen Ostasiens)? Bei einer systemorientierten Betrachtung treten besondere Schwierigkeiten bei der Kategorisierung einzelner Baupläne auf, und zwar deshalb, weil die Ordnung der Zahlwörter in vielen Sprachen nicht nur einem einzigen Grundprinzip folgt, sondern mehreren. Ein wesentliches Problem besteht also darin, wie viele Mischsysteme man als selbständige Typen von den Grundtypen unterscheiden soll.

Bei einer Orientierung sowohl an strukturellen wie funktionalen Gesichtspunkten und bei der Berücksichtigung von Mischtypen lassen sich die im Folgenden dargestellten zehn Typen unterscheiden.

Sprachen ohne Zahlwortsysteme

Evolutionsgeschichtlich betrachtet ist die Fähigkeit zum abstrakten Denken – und damit auch zum Zählen – in allen Menschen angelegt. Aber bedeutet dies, dass es die ökonomischen und soziokulturellen Verhältnisse in allen Gemeinschaften dieser Welt erfordern, dass ein vollständig entwickeltes Zahlwortsystem zur Verfügung steht?

Die Antwort hierauf mag überraschen: Nein.

Das Zählen funktioniert auch ohne solche abstrakten Ausdrücke, und deshalb gibt es sehr wohl Sprachen, die keine Zahlwörter kennen. Das Denken mit Zahlen ist eine eigene Matrix, die zwar mit der sprachlichen Matrix eng verwoben, allerdings – wie die folgenden Extremfälle zeigen – auch ohne diese funktionsfähig ist.

Auch wenn in einer Sprache kein System abstrakter Zahlwörter ausgebildet ist, können die Menschen zählen – mit Hilfe anderer Terminologien. Dies gilt zum Beispiel für die Volksgruppe der Kobon im Hochland Papua-Neuguineas (Provinz Madang): Sie deuten die Bezeichnungen von Körperteilen zum Ausdruck von Zahlbegriffen um (Comrie 2005: 530). Solche Zählweisen (sog. Körper-Zählen nach engl. *body counting*) mögen für den ungeschulten Außenseiter kompliziert anmuten, im Grunde genommen ist aber die Kombinatorik von Worten mit den visuellen Eindrücken der Körperteilgliederung urtümlich eindrucksvoll und unfehlbar.

Angefangen von der linken Seite, wird bei den Kobon folgendermaßen gezählt:

Zahlwert	*Körperteil*	*Benennung*
1	kleiner Finger	monou
2	Ringfinger	reere
3	Mittelfinger	kaupu
4	Zeigefinger	moreere
5	Daumen	aira
6	Handgelenk	ankora
7	Innenseite des Vorderarms	mirika mako
8	Innenkehle des Ellbogens	na
9	Oberarm	ara
10	linke Schulter	ano
11	Halsknochen (links)	ame
12	Höhlung über dem Brustkorb	unkari
13	Halsknochen (rechts)	amenekai
14	rechte Schulter	ano
usw.		

Für die Benennung höherer Zahlwerte geht der Weg der Zählung auf der rechten Körperseite von der Hand zur Schulter zurück und dann auf der linken Seite nach unten. Zur Unterscheidung der Zähldurchgänge auf der linken und rechten Körperseite werden Gesten als zusätzliche Signale zur «Positionsbestimmung» eingesetzt (Ifrah 1987: 36f.).

Auf diese Weise können die Körperteilbezeichnungen, soweit sie am Zählen beteiligt sind, mehr als nur eine bestimmte numerische Konnotation haben. So kann der Ausdruck *ano* ‹Schulter› den Zahlwert 10 (linke Seite beim ersten Zähldurchgang) oder 14 (rechte Seite beim ersten Zähldurchgang) oder 33 (rechte Seite beim zweiten Zähldurchgang) markieren.

Sprachliche Enklaven ohne ausgebaute Zahlwortsysteme findet man auch in Südamerika, und zwar in der Regenwaldzone des Amazonas. Eine dieser Sprachen ist das Pirahã (bzw. Múra-Pirahã), das von nurmehr 150 Menschen in den Tälern zweier Nebenflüsse (Maici und Autaces) des Amazonas in der Regenwaldzone Brasiliens gesprochen wird. Die Pirahã sind überwiegend monolingual, was bedeutet, dass das in dieser Region dominante Portugiesische als Zweitsprache kaum Einfluss auf ihren Sprachgebrauch ausübt.

Die Pirahã zählen ‹eins›, ‹zwei›, ‹viele›, wobei alle über 2 hinausgehenden Zahlbegriffe mit dem allgemeinen Ausdruck *aibaagi* ‹mehrere› umschrieben werden (Gordon 2004). In der Gemeinschaft der Pirahã ist die Verwendung weiterer abstrakter Zahlwörter nicht erforderlich. Dies bedeutet aber nicht, dass die Pirahã keinen Sinn für Zahlen hätten. Das Zählen von Objekten (z.B. Früchte, Wurzelknollen, Tauschwaren) erfolgt durch Mengenvergleich mit Objekten des sichtbaren Umfelds (z.B. ebenso viele essbare Wurzelknollen, wie hohe Bäume an einer Bootsanlegestelle stehen).

Auf ähnliche Weise, d.h. ohne Zahlwörter, mit Hilfe von Objektvergleichen, zählen die Wedda. Sie sind eine kleine Gemeinschaft (ca. 300) im östlichen Bergland Sri Lankas, die eine indoeuropäische Sprache spricht und deren Wirtschaftsform bis heute das Jagen und Sammeln ist. Wenn beispielsweise eine bestimmte Menge von Kokosnüssen als Ware getauscht werden soll, nimmt der Kaufmann ein paar Stöckchen und ordnet diesen entsprechend viele Nüsse zu. Auch in anderen Regionen der Welt sind noch zahlwortlose Sprachen verbreitet, so das Aranda und andere Aborigine-Sprachen in Australien (Crump 1990: 34).

Bei all diesen Sprachen handelt es sich um marginale Sonderfälle in der modernen Sprachenlandschaft, und die Gemeinschaften, in denen solche Sprachen verwendet werden, sind traditionale Kulturen in Rückzugsgebieten (Haspelmath et al. 2005: 532f.).

Die beschriebenen zahlwortlosen Sprachen zeigen auch, dass ihre Sprecher sehr wohl über den sog. Zahlensinn verfügen. Unser Zahlensinn ist aktiv, ohne dass wir uns dessen immer bewusst sind. Dies können wir an Situationen erkennen, wo es gar nicht vordergründig ums Zählen geht, sondern um die Fähigkeit, Intervallmuster zu identifizieren: in der Musik und im Tanz. Unser Zahlensinn befähigt uns, rhythmische Intervallmuster musikalischer Sequenzen quasi automatisch in Griffe auf einem Musikinstrument oder in Tanzbewegungen umzusetzen. Die Erkenntnisse der neueren ethnomathematischen und ethnomusikologischen Forschung zeigen, dass auch in traditionalen Kulturen, in denen sich kein nennenswertes Zahlenwesen ausgebildet hat, komplizierte rhythmische und tonale Strukturen in Musik und Tanz vom Wirken eines hoch aktivierten Zahlensinns zeugen.

Zusammenfassend verdeutlichen die Verhältnisse in Sprachen ohne Zahlwortsysteme einige elementare Aspekte im Umgang mit Zahlbegriffen:

- Sprachliches Zählen (d.h. Zahlensinn oder ein grundsätzliches Verständnis für Zahlen; Dehaene 1999) ist nicht notwendigerweise an eine spezielle Terminologie von Zahlwörtern gebunden.
- Alle Menschen sind prinzipiell in der Lage, mit Zahlbegriffen umzugehen, d. h. diesbezügliche kognitive Operationen auszuführen;
- Das abstrakte Denken mit Zahlbegriffen und das sprachliche Instrumentarium dafür stehen in einer mittelbaren, aber nicht direkten Beziehung zueinander; dies stützt grundsätzlich die Annahme von der sprachlichen Relativität. Das kommunikative Bedürfnis, Zahlbegriffe im buchstäblichen Sinn «in Worte zu fassen», ist die Triebkraft, die Zahlwortsysteme entstehen lässt. Wenn ein solches System erst einmal etabliert ist, liegt es nahe, dass sich die Mitglieder der Sprachgemeinschaft bereitwillig der Terminologie bedienen, die sich anbietet. In der Rückkoppelung wird auch das Denken mit Zahlbegriffen durch die Verwendung konventioneller Zahlwörter konditioniert.

Restringierte Zahlwortsysteme

Die Kennzeichnung bestimmter Zahlwortsysteme als «restringiert» (engl. *restricted*; s. Comrie 2005: 530) bezieht sich auf deren sprachlichen Bau, nicht aber auf die Fähigkeit der Sprecher zum Zählen, auf ihren Zahlensinn. Es gibt Sprachen, die nicht mehr als zwei oder drei elementare Zahlwörter kennen, wie etwa das Gumulgal und das Mangarrayi in Australien, das Bakairi in Brasilien oder das !Xóo, eine Buschmann-Sprache in Namibia. Höhere Zahlbegriffe werden durch Kompositionen aus (Teilen von) elementaren Zahlwörtern ausgedrückt, z. B.

3 = ‹zwei-eins›; 4 = ‹zwei-zwei›; 5 = ‹zwei-zwei-eins›; 6 = ‹zwei-zwei-zwei›.

Relikte einer Dreier-Basis sind im Sumerischen erhalten (s. Kap. 6). In anderen Sprachen sind die Zahlwortsysteme bis auf 5 erweitert. Solche Sprachen findet man in Australien – wie Yidiny (Queensland) und Pitjantjatjara (South Australia) – oder in Südamerika (z. B. im Baré; Amazonasregion, Brasilien).

Die Sprachen mit restringierten Systemen sind überwiegend im südlichen Afrika (Khoi-San-Sprachen), im Norden Australiens, im Norden Papua-Neuguineas und in der Amazonasregion verbreitet. Es liegt nahe, die Verhältnisse in solchen Sprachen – dies gilt auch für die zahlwortlosen Sprachen – als Residuen in der Sprachentwicklung zu werten, die auf Zustände in weit zurückliegenden, prähistorischen Epochen weisen. Im Fall der Khoi-San-Sprachen (bzw. Buschmann-Sprachen) ist dies schlüssig, da diese ethnischen Gruppen mit ihren Sprachen Fortsetzer der ältesten Populationen Afrikas sind (Haarmann 2006: 74 ff., 116 ff.).

Quinärsysteme

Die natürliche Assoziation mit der Fünfergruppe von Fingern und Zehen an der Hand und am Fuß hat sicherlich die Ausbildung von quinären Zahlwortsystemen motiviert. «Im allgemeinen spricht man dann von einem ‹quinären› oder ‹auf der Basis Fünf› aufgebauten Zahlensystem, wenn ein System eine regelmäßige und periodische Struktur besitzt, die ihre Symbole in aufeinander folgende und hierarchisierte Quinärgruppen gliedert» (Ifrah 1987: 60).

Wie weit dieses System in prähistorischer Zeit verbreitet war, darüber kann nur spekuliert werden. Noch heute wird verschiedentlich nach diesem Prinzip gezählt. Gebräuchlich ist die visuelle Fünferzählung mit beiden Händen bei den Händlern in Mumbai (im indischen Bundesstaat Maharashtra).

In der modernen Sprachenlandschaft tritt dieses System sehr selten auf. Ein Bespiel für ein Quinärsystem in einer Sprache, die noch bis ins ausgehende 20. Jh. auf den Neuen Hebriden im westlichen Pazifik gesprochen wurde, ist das Api:

1	tai	6	o-tai (= ‹neues eins›)
2	lua	7	o-lua (= ‹neues zwei›)
3	tolu	8	o-tolu (= ‹neues drei›)
4	vari	9	o-vari (= ‹neues vier›)
5	luna (= ‹eine Hand›)	10	lua-luna (= ‹zwei Hände›)

Ähnlich funktioniert das Zählen bei den Mundurukú, die im brasilianischen Bundesstaat Pará leben und eine der Tupí-Sprachen sprechen (Harris 2006). Zahlwörter existieren lediglich bis 5, und das Zählen wird mit Fingern ausgeführt. Die Zahl 5 wird mit drei verschiedenen Ausdrücken bezeichnet, und zwar *soat pu* (wörtl. ‹alle Finger [der rechten Hand]›), *cinco be* (wörtl. *cinco* ‹5› [entlehnt aus dem Portugiesischen] + *be* ‹Finger›) und *pug pogbi* (wörtl. ‹eine Hand voll›). Nach der Fünf wechselt das Zählen zur linken Hand über: *bu axiri ku* ‹6 (‹wörtl. ‹der Finger hier [an der linken Hand])›, *wuy bu epacunap* ‹7 (wörtl. ‹unsere Finger, der nächste Finger›). Der Zahlbegriff 10 wird im Mundurukú ausgedrückt als *xep xep pogbi* (wörtl. ‹zwei Hände› = eins-eins Hand). Höhere Zahlen werden durch Hinzuziehen der Zehen gebildet. Für das Zählen über 20 fehlt allerdings eine visuelle Basis.

Ein komplexes Mischsystem unter Beteiligung eines Quinärsystems ist charakteristisch für das Supyire, eine Sprache, die zum Typ mit hoher Basiseinheit gehört (s. u.).

Dezimalsysteme

In der modernen Sprachenlandschaft ist das Dezimalsystem, in dem mit Zehnereinheiten gezählt wird (d. h. 10 – 20 – 30 usw., 100, 1000 usw.), am weitesten verbreitet. Dies gilt für zahlreiche Sprachen in Europa, Asien, Afrika und Amerika. Eine Ausnahme macht Australien, dessen Aborigine-Sprachen kein Zehnersystem kennen, sondern häufig zum restringierten Typ gehören.

In den meisten Sprachen mit Zahlensystemen auf der Zehnerbasis ist die strukturelle Ähnlichkeit der Wortwurzeln in den Einsern und Zehnern transparent; z. B. dt. *zwei* – *zwanzig*, *drei* – *dreißig* usw.; finn. *kaksi* ‹2› – *kaksikymmentä* ‹20›, *kolme* ‹3› –

kolmekymmentä ‹30› usw.; japan. *ni* ‹2› – *ni-ju* ‹20›, *san* ‹3› – *san-ju* ‹30› usw.

Es gibt aber auch Sprachen mit der Zehnerbasis, wo zwischen den Ausdrücken für Einser-Einheiten (d.h. 1, 2, 3 ...) einerseits und für Zehner-Einheiten (10, 20, 30 ...) andererseits sprachlich keine assoziativen Verbindungen bestehen. In einigen Sprachen dieser Kategorie betrifft die nicht-komplementäre Ordnung nur wenige Zahlwörter (z.B. latein. *duo* ‹2› – *viginti* ‹20›; russ. *četyre* ‹4› – *sorok* ‹40›), während die übrige Reihe komplementär ist (z.B. latein. *tres* ‹3› – *triginta* ‹30›, usw.; russ. *tri* ‹3› – *tridesjat'* ‹30› usw.). In anderen Sprachen treten nicht-komplementäre Einser-Zehner-Ausdrücke häufiger auf; z.B. türk. *iki* ‹2› – *yirmi* ‹20›, *üç* ‹3› – *otuz* ‹30›, *dört* ‹4› – *kirk* ‹40›, *beş* ‹5› – *elli* ‹50›. Die Ausdrücke für 6 – 60ff. sind dagegen im Türkischen komplementär: *alti* ‹6› – *altmiş* ‹60›, *yedi* ‹7› – *yetmiş* ‹70›, *sekiz* ‹8› – *seksen* ‹80›, *dokuz* ‹9› – *doksan* ‹90›.

Vigesimalsysteme

In reiner Form baut das Vigesimalsystem in seiner Gesamtheit (d.h. mit Bezug auf die Zahlen unter und über 100) strikt auf der Basiseinheit 20 auf. Sprachen des Vigesimaltyps sind wesentlich weniger zahlreich als die des Dezimaltyps. Sie sind in weiten Teil der Welt verbreitet: in Asien (z.B. Chepang, Ainu, Tschuktschisch), Ozeanien (z.B. Drehu, Daga, Mangap-Mbula), Amerika (z.B. Zoque, Warao, Caribe) und Afrika (z.B. Igbo, Yoruba, Kana). Ein reines 20er-System weist beispielsweise auch das Diola-Fogny auf, eine Niger-Kongo-Sprache des Senegal:

bukan ku-gaba di ungen di b-ekon ‹51›
= *bukan* ‹20› / *ku* – Nominalklassifikator (6) / *gaba* ‹2› / *di* ‹und› / *ungen* ‹10› / *di* ‹und› / *b* – Nominalklassifikator (9) / *ekon* ‹1›.

Vigesimal-dezimales Mischsystem

In vielen Sprachen, deren Zahlwortsysteme als Vigesimalsystem strukturiert sind, sind auch Einflüsse einer Dezimalordnung zu erkennen. Dies gilt etwa für das Baskische, dessen Zahlenordnung bis 99 vigesimal, ab 100 aber dezimal strukturiert ist:

berr-eun eta berr-ogei-ta-hama-sei ‹256›
= *berr* ‹2› / *eun* ‹100› / *eta* ‹und› / *berr* ‹2› / *ogei* ‹20› / *ta* (in Zusammensetzungen) ‹und› / *hama* ‹10› / *sei* ‹6›

Die Beobachtung gilt auch umgekehrt: Im Bau von Sprachen mit Dezimalsystem können auch Elemente des Vigesimalsystems integriert sein. Dies ist der Fall im Französischen, wo im Bereich zwischen 80 und 99 die 20er-Ordnung gilt; z. B.:

quatre-vingt-dix-huit ‹98›
= *quatre* ‹4› / *vingt* ‹20› / *dix* ‹10› / *huit* ‹8›

Die gleichsam fragmentarische Präsenz des Vigesimalsystems im Französischen erklärt sich als Substrateinfluss des Keltischen (eines Sprachzweigs des Indoeuropäischen). Die festlandkeltischen Gallier, die sich während der römischen Zeit an das Lateinische assimilierten und sich an römische Lebensweisen akkulturierten, behielten etliche Gewohnheiten bei, die ihnen aus dem heimischen keltischen Milieu vertraut waren. Dazu gehörten auch bestimmte Zählweisen, die sich als strukturelle Relikte im Französischen, der auf gallischem Boden aus dem Sprechlatein entstandenen romanischen Sprache, erhalten haben.

Das Vigesimalsystem strukturiert im Keltischen – wie dies die Zahlwortsysteme der modernen keltischen Sprachen Irisch, Kymrisch, Bretonisch verdeutlichen – den gesamten Bereich zwischen 20 und 100 (Abb. 5). Somit vertreten die keltischen Sprachen das reine Vigesimalsystem (s. o.), dessen Ordnungsprinzip sich aber im Französischen im Prozess des Sprachkontakts gleichsam «abgeschwächt» hat.

Bemerkenswerterweise werden im französischen Sprachgebrauch der Wallonie (Südbelgien) die sprechlateinischen Dezimal-Zählweisen beibehalten. Hier ist kein keltischer Einfluss festzustellen:

‹70› in Belgien: *septante* – in Frankreich: *soixante-dix* ‹60 + 10›
‹80› in Belgien: *octante* – in Frankreich: *quatre-vingts* ‹4 × 20›
‹90› in Belgien: *nonante* – in Frankreich: *quatre-vingt dix* ‹4 × 20 + 10›

Sprachen mit vigesimal-dezimalem Mischsystem sind in Europa (z. B. Baskisch, Französisch, Dänisch), im Kaukasus (z. B. Abchasisch, Georgisch, Lesginisch), im südlichen Asien (z. B. Bu-

Irisch

20	*fiche*	→	20	←
30	*deich ar fiche*	→	10 + 20	←
40	*da fiche*	→	2 x 20	←
50	*deich ar da fiche*	→	10 + (2 x 20)	←
60	*tri fiche*	→	3 x 20	←
70	*deich ar tri fiche*	→	10 + (3 x 20)	←
80	*ceithri fiche*	→	4 x 20	←
90	*deich ar ceithri fiche*	→	10 + (4 x 20)	←
100	*cet*			*cant*
1000	*mile*			*mil*

rushaski, Meithei) und in Mittelamerika (z. B. Otomi, Mixtekisch, Jakaltekisch) verbreitet.

Systeme mit hoher Basiseinheit

Sprachen, deren Zahlwortsysteme um eine hohe Basiseinheit aufgebaut sind, gehören zu den Raritäten der globalen Sprachenlandschaft. Eine Sprache mit der Basis 60 ist beispielsweise das Ekari in Neuguinea, dessen Sprecher sich auf die Territorien von Papua-Neuguinea und des zu Indonesien gehörenden Teils der Insel (Provinz Irian Jaya) verteilen:

èna ma gàati dàimita mutò ‹71›
= *èna* ‹1› / *ma* ‹und› / *gàati* ‹10› / *dàimita* ‹und› (wörtl. ‹zuzüglich›) / *mutò* ‹60›

60 war auch eine der Basiseinheiten, mit denen die Sumerer zählten und rechneten (s. Kap. 6).

Eine noch höhere Basiseinheit, nämlich 80, dominiert das Zählen bei den Sprechern des Supyire, einer Sprache, die aufgrund ihres komplexen Mischsystems von Zählweisen eher dem folgenden Typ zugeordnet wird.

Komplexe Mischsysteme

Als komplexe Mischsysteme werden hier solche Zahlwortordnungen definiert, an denen mindestens drei Grundprinzipien beteiligt sind. Ein Beispiel für diesen seltenen Typ ist das Supyire, eine in Mali gesprochene Niger-Kongo-Sprache. Die Basiseinheit des Zahlwortsystems ist 80; Zahlen unter 80 werden vigesi-

Kymrisch	**Bretonisch**	
ugeint	*ugent* →	20
dec ar ugeint	*tregont*	
de-ugeint	*daou-ugent* →	2 x 20
dec ar de-ugeint	*hanter-kant* →	½ 100
tri-ugeint	*tri-ugent* →	3 x 20
dec ar tri-ugeint	*dek ha tri-ugent* →	10 + (3 x 20)
pedwar-ugeint	*pevar-ugent* →	4 x 20
dec ar pedwar-ugeint	*dek ha pevar-ugent* →	10 + (4 x 20)
	kant	
	mil	

Abb. 5: Die Zahlwortsysteme (ab 20) in keltischen Sprachen (nach Ifrah 1987: 63)

mal konstruiert; Zahlbegriffe unter 20 werden nach dem Zehnersystem ausgedrückt, wobei die Basis für diese Zahlensequenz die 5 ist.

ngkwuu sicyeeré ‹ná béé-tàànrè ‹ná ké ‹ná báárì-cyèèrè ‹399›
= 80 × 4 + 20 × 3 + 10 + 5 + 4
= *ngkwuu* ‹80› / *sicyeeré* ‹4› / ‹*ná* ‹und› / *béé* ‹20› / *tàànrè* ‹3› / ‹*ná* ‹und› / *ké* ‹10› / ‹*ná* ‹und› / *báárì* ‹5› / *cyèèrè* (in Zusammensetzungen) ‹4›

Im Zahlwortsystem des Supyire fungieren also drei Grundprinzipien: quinär-dezimal und vigesimal bei gleichzeitig hoher Basiseinheit (80).

Systeme mit komplementären Zahlwortdubletten

Diejenigen Sprachen, die den bisher vorgestellten Typen zugeordnet sind, haben in der Regel eine einzige Zahlwortreihe. Es gibt aber auch Sprachen, in denen sich aufgrund spezifischer Sprach- und Kulturkontakte parallele Reihen von Zahlwörtern ausgebildet haben. Zu den angeführten strukturellen Kriterien, bezogen auf die Basiseinheiten, gesellen sich in der typologischen Beschreibung also funktionale Merkmale, bezogen auf den Sprachgebrauch.

Zahlwortsysteme zeigen vielfach Stabilität. Zahlwörter sind geeignet, die genealogische Verwandtschaft von Sprachen und deren Zusammengehörigkeit innerhalb von Sprachfamilien zu illustrieren. Dies gilt beispielsweise für die indoeuropäischen Sprachen (Szemerényi 1960). Die Zahlwörter für 5 in den Sprachen dieser Familie leiten sich von einer ur-indoeuropäischen Form **penkwe* ab (> griech. *pente*, altind. *pañca*, avest. *panča*, armen. *hing*, litau. *penki*, russ. *pjat'*; mit Lautassimilation des *p-* > latein. *quinque*, altir. *coic*, got. *fimf*, usw.). Auch die Verwandtschaft der afroasiatischen Familie, zu der u. a. das Altägyptische, semitische Sprachen wie Arabisch und Hebräisch, außerdem Hausa usw. gehören, kann mit Hilfe der Zahlwörter demonstriert werden (Loprieno 1995: 71 ff.).

Andererseits zeigt der Sprachenvergleich, dass im Kulturkontakt Zahlwörter entlehnt und sogar ganze Zahlensysteme ausgetauscht werden können. Dies trifft auch auf einige der indoeuropäischen Zahlwörter zu (z. B. auf 6 und 7 sowie auf weitere Zahlbegriffe in modernen Sprachen, beispielsweise im Romani; Haarmann 1987: 302 f.). «Von ‹fünf› bis ‹zehn› finden wir mögliche Entlehnungen von anderen Sprachfamilien» (Mallory/Adams 1997: 398). Ein Beispiel hierfür ist das proto-indoeuropäische Zahlwort für 6 (**sueks* bzw. **(k)seks)*, das vielleicht aus dem Semitischen stammt (vgl. akkad. *sessum*). Aus einer frühen indoeuropäischen (und zwar indo-iranischen) Quelle ist das Zahlwort für 100 (indo-iran. **sata*) in die finnisch-ugrischen Sprachen entlehnt worden (vgl. finn. *sata*, mordwin. *sada*, ungar. *száz*, chant. *sat*, u. a.).

Solche Beobachtungen stehen in klarem Widerspruch zu landläufigen Vorstellungen, wonach einheimische Zahlwörter nicht durch fremde Ausdrücke ersetzt würden. Die Existenz von parallelen Zahlwortreihen lässt eine bestimmte Intensität von Sprachkontakt erkennen, wo einheimische und kontaktsprachliche Strukturen in einem komplementären Verhältnis stehen, ohne dass die Kontaktsprache einen assimilatorischen Druck ausübt.

Sprachen mit Zahlwortdubletten sind zum einen solche, deren Zahlwortreihen jeweils an spezifische Kontexte gebunden sind, sodass sie sich wechselseitig ausschließen. Zu diesen Sprachen gehört das Koreanische (s. Kap. 4). Zum anderen gibt es Sprachen, in denen der Gebrauch von Zahlwortdubletten funktional nicht differenziert ist, sodass die Zahlwörter beider Reihen in demselben Kontext auftreten können. Dies ist der Fall im

Tagalog mit seiner einheimischen (malaiischen) und spanischen Zahlwortreihe.

Spanische Zahlwörter haben sich während der Zeit der spanischen Kolonialherrschaft auf den Philippinen eingebürgert. Auch nach dem Ende der politischen Abhängigkeit von Spanien im ausgehenden 19. Jh. hat sich der Dualismus der Zahlwortreihen erhalten. Im Schriftgebrauch werden die aus dem Spanischen entlehnten Zahlwörter in der Graphie des Tagalog geschrieben.

	Einheimische Zahlwörter im Tagalog	*Zahlwörter spanischer Herkunft im Tagalog*
1	isá	uno
2	dalawá	dos
3	tatló	tres
4	ápat	kuwatro
5	limá	sinko
6	ánim	seis
7	pitó	siyete
8	waló	otso
9	siyám	nuwebe
10	sampû	diyes
11	labíng-isá	onse
20	dalawampû	beynte
30	tatlumpû	treynta
100	sandaán	siyento
1000	isáng líbo	mil

Händler verwenden beim Zählen und Rechnen im Kontakt mit ihren Kunden sowohl malaiische als auch spanische Zahlwörter. Es scheint so, als ob individuelle Vorliebe für die eine oder andere Reihe den Zahlwortgebrauch bestimmt (Aspillera 1982: 40). Seit Ende des 20. Jh. ist als Trend zu beobachten, dass die Vertreter der jüngeren Generation die malaiischen Zahlwörter den spanischen vorziehen.

Systeme mit rivalisierenden Zahlwortdubletten

In einer Sprachkontaktsituation besitzt in der Regel eine der beteiligten Sprachen mehr Prestige als die andere. Als dominante Kultursprache spielt sie sowohl im kulturellen wie im wirtschaftlichen Bereich eine Schlüsselrolle und ist ein wichtiges Medium für den sozialen Aufstieg. Beispiele für dominante Kultursprachen mit überregionaler Einflussnahme auf zahlreiche lokale Kontaktsprachen sind das Lateinische in Westeuropa, das Arabische im Nahen und Mittleren Osten, in Zentralasien, im Norden und Osten Afrikas oder das Chinesische im östlichen und südlichen Asien.

Diese dominanten Kultursprachen haben unter anderem eine Rivalität im Gebrauch der verfügbaren Zahlwortsysteme bewirkt. Deutlich häufiger als die Erhaltung komplementärer Systeme war in der Folge eine bleibende Überformung des lokalen Zahlwortsystems. Dies gilt beispielsweise für die Situation des Swahili im Kontakt mit dem Arabischen und für die Kontakte des Japanischen zum Chinesischen.

Die ethnische Geschichte der in der Küstenregion Ostafrikas und auf Sansibar lebenden Swahili beginnt im Mittelalter, in einer Zeit, als arabische Händler Kontore entlang der afrikanischen Küste einrichteten und mit den einheimischen Stämmen des Inlands Tauschhandel pflegten. Im Laufe der Jahrhunderte entstand im Sozialkontakt der lokalen Bantubevölkerung mit Arabern die Ethnie der Swahili, deren Sprache stark vom Arabischen überformt ist. Illustrativ für die Einflussnahme des Arabischen ist das Zahlwortsystem des Swahili, das sich aus lexikalischen Elementen verschiedener Herkunft zusammensetzt (Haarmann 1987: 298 f.).

Die Zahlen von 1 bis 5 werden mit Erbworten *(moja, mbili, tatu, nne, tano)* ausgedrückt. Dann aber ist die Zahlenreihe des Swahili durchbrochen und schließt entlehnte Ausdrücke aus dem Arabischen sowohl für einfache (z. B. *sita* ‹6›, *saba* ‹7›) als auch für komplexe Zahlen (z. B. *ishirini* ‹20›) ein. Insbesondere die höheren Zahlen (und zwar Zehnerzahlen) stammen exklusiv aus dem Arabischen. Im Bereich zwischen 10 und 20 werden die arabischen Zahlwörter, die lange Zeit mit den einheimischen rivalisiert haben, heute selten verwendet. In der Zählung der Hunderter ab 200 treten einheimische Zahlwörter in Kombination mit dem arabischen Grundbegriff *mia* ‹100› auf (z. B. *mia tano* ‹500›).

Ähnliche Kontaktbedingungen mit Prestigegefälle gelten für zahlreiche indominante Sprachen in allen Teilen der Welt. Als regionale oder lokale Minoritätssprachen stehen sie unter dem situationellen Druck dominanter Majoritätssprachen mit überregionalen Funktionen als Amtssprache, Unterrichtssprache, Arbeitssprache u. ä. Dominante Landessprachen sind z. B. das Englische in den USA, Kanada und Australien, das Spanische in Mittel- und Südamerika, das Portugiesische in Brasilien, das Russische in Russland, das Chinesische in China. Für viele Sprecher nicht-verschrifteter Minderheitensprachen sind sie die einzige Option für den Schriftgebrauch (z. B. für Aranda und Warumungu in Australien, für Chinanteco und Toboso in Mexiko, für Arikapú und Tuxinawa in Brasilien, für Ischoren und Kereken in Russland, für Mandschu und Samei in China).

Entsprechend dem Prestigegefälle wird die indominante Sprache von der immer häufiger verwendeten dominanten Sprache in ihren sozialen Funktionen zunehmend eingeschränkt. Ihre Strukturen werden beeinflusst und überformt, was sich in der Übernahme einer Vielzahl von Lehnwörtern, wortbildenden Elementen und auch grammatischen Formen ausdrückt.

Die Zahlwortsysteme der Kontaktsprachen rivalisieren eine Zeitlang, bevor die Zahlwortreihe der dominanten Sprache und deren Zählprinzipien das System der indominanten Sprache durchdringt, viele einheimische Elemente verdrängt und im Extremfall sogar vollständig ersetzt. Die Minoritätssprachen der Welt illustrieren graduelle Abstufungen in diesem Prozess der Überformung und Substitution. Als Beispiel sei hier auf die Situation des Tichvinisch-Karelischen hingewiesen, einer Minoritätssprache im Süden des Verwaltungsgebiets Leningrad (das im Gegensatz zur Stadt St. Petersburg seinen Namen nicht geändert hat). Die Karelier verwenden in ihrer Alltagskommunikation die russischen Zahlwörter, auch wenn die einheimische karelische Zahlenreihe noch verstanden wird (Rjagoev 1977: 201 ff.).

Eine fast vollständige Verdrängung der einheimischen Zahlwortreihe liegt dagegen im Brahui vor. Die insgesamt rund 2,2 Mio. Sprecher des Brahui leben überwiegend im westlichen Teil Pakistans sowie in Grenzgebieten Irans und Afghanistans. Brahui ist eine dravidische Sprache und mit zahlreichen Sprachen Indiens (Tamilisch, Malayalam, Telugu) verwandt. Seit vielen Jahrhunderten steht es unter dem Einfluss indoeuropäischer Kontaktsprachen, insbesondere iranischer und neuindischer Affiliation. Die Zahlwortreihe des Brahui ist fast vollständig von entlehnten Zahlwörtern iranischer bzw. indischer Herkunft überformt (Haarmann 1987: 310f.). Einheimische Zahlwörter sind nur noch für die Begriffe ‹1› *asi(ṭ)*, ‹2› *iraṭ, irâ* und ‹3› *musi(ṭ)* erhalten. Da auch für diese Begriffe entlehnte Zahlwörter als Dubletten *(yak – do – sey)* existieren, die in der Alltagskommunikation immer häufiger verwendet werden, ist die vollständige Verdrängung der einheimischen dravidischen Zahlwörter absehbar.

Besonders in solchen Fällen, wo die Zahlwortreihe einer Lokalsprache nach einem anderen Prinzip konstruiert ist als die der dominanten Sprache, ist die Wahrscheinlichkeit groß, dass die Zahlwortreihe der indominanten Sprache zusammen mit dem besonderen Zählprinzip ersetzt wird. In solchen Fällen wird die lokale Zahlwortreihe zum Seismographen des Sprachverlustes: «Nichtdezimale Zahlensysteme sind sogar gefährdeter als die Sprachen, in denen sie auftreten» (Comrie 2005: 531).

4. Der chinesische Kulturkreis

Die Sprachen in Ostasien sind strukturell sehr verschieden von den europäischen. Was allerdings die Zahlwortsysteme und deren Zählprinzipien betrifft, so ähnelt deren Organisation größtenteils denen Europas. Am stärksten verbreitet ist hier wie dort das Dezimalsystem, und andere Systeme wie das reine Vigesimalsystem (z. B. im Ainu auf Hokkaido) oder das dezimal-vigesimale Mischsystem (z. B. im Burushaski im nördlichen Pakistan) sind nur in einigen wenigen Sprachen vertreten (Haspelmath et al. 2005: 532). Was die Region Fernost allerdings für die Geschichte der Zahlen besonders und einmalig macht, sind die chinesische Tradition der Zahlenschreibung und der chinesische Kultureinfluss, die Strukturveränderungen in den Zahlwortsystemen anderer Sprachen bewirkt haben.

Anfänge des Umgangs mit Zahlen in China

Die Anfänge der chinesischen Zahlenschreibung gehen auf die Spätphase der Shang-Dynastie im 12. Jh. v. Chr. zurück. Die ältesten Notierungen von Zahlzeichen finden sich in Inschriften auf Orakelknochen, mit deren Hilfe die Geister der Ahnen in schamanistischen Ritualen um Rat und Unterweisung gebeten wurden. Das Orakel wurde häufig in den Tempeln befragt, die dem Andenken der Ahnen gewidmet waren. Die Panzer von Schildkröten oder die Schulterknochen von Hirschen wurden beschriftet und in ein heiliges Feuer geworfen. Anhand der Risse, die die Hitze hervorrief, interpretierte der Schamane die Instruktionen der Ahnen (De Bary/Bloom 1999). Das Orakelwesen in Altchina war jahrhundertelang das Privileg der Herrschersippe.

Die Verwendung der Zahlzeichen in den Orakelinschriften war insbesondere mit kalendarischen Angaben assoziiert, so mit der Bezeichnung der Tage des Monats, von denen jeder seinen eigenen Namen hatte (z. B. *xinwei* ‹Tag 8›, *yihai* ‹Tag 12›, *guiwei* ‹Tag 20›, *guisi* ‹Tag 30›). Wichtig war auch die genaue Bezeichnung der Rangfolge der an gerufenen Ahnen, im Hinblick auf ihre Zugehörigkeit zu einer bestimmten Generation (z. B. Anrufung des Urahns der 25. ruckwärtigen Generation) oder der Herrscherabfolge (z. B. Bezugnahme auf den 16. Herrscher).

Die lange fernöstliche Tradition der Zahlenschreibung bietet einige Extreme, die sie als kulturelles Experimentierfeld ganz besonderer Art ausweisen:

- Zahlbegriffe im Chinesischen werden bis heute mit den gleichen Zeichen und nach denselben Prinzipien geschrieben wie vor über dreitausend Jahren; es gibt keine andere Sprachkultur, in der die einheimische Zahlenschreibung über einen so ausgedehnten Zeitraum hinweg konstant geblieben ist.

- Es gibt keine andere Sprachkultur, die sich bis heute so erfolgreich gegen das Monopol der arabischen Zahlenschreibung behaupten konnte.
- Es gibt keine andere Sprachkultur, wo die Schriftzeichen für die Zahlbegriffe die Positionen des Fingerzählens in Miniaturbildern abbilden.

Bei näherer Betrachtung der elementaren Zahlzeichen stellt sich heraus, wie kulturspezifisch die Zählweisen bei den Chinesen von alters her gewesen sind. Die Zeichen für die Zahlbegriffe von 1 bis 3 folgen mit ihrer Strichfolge anscheinend einer universalen Logik. Der Ursprung für diese Strichgruppierungen ist wohl in der Gewohnheit zu suchen, Waren mit Hilfe von Stöckchen zu zählen. Diese Tradition hat sich in den chinesischen Hafenstädten an der Pazifikküste bis ins 20. Jh. erhalten (Williams 2006: 286). Die Zahlzeichen für 7 und 8 werden ebenfalls als Abbildung von (in diesen beiden Fällen zwei sich kreuzender) Zählstöckchen erklärt. Nach anderer Interpretation sind in diesen Schriftzeichen Positionen beim Fingerzählen bildlich dargestellt (s. Abb. 6).

Die übrigen chinesischen Zahlzeichen «illustrieren» zweifelsfrei die Relativität des Fingerzählens in Fernost. Das Zeichen zur Schreibung des Zahlbegriffs 4 ist keine Komposition aus vier Strichen (was universaler Logik entsprechen würde), und das Zeichen für 5 ist kein Bild der ganzen Hand. Die Zahl 6 wird nicht mit einem Finger der zweiten Hand in Kombination mit der ersten vollen Hand realisiert. Entsprechend relativ sind die illustrierten Zählweisen für 7, 8, 9 und 10.

Das historische Fingerzählen in Ostasien, das in den chinesischen Schriftzeichen abgebildet wird, ist eigentlich ein Zählen unter Beteiligung nicht nur der Finger, sondern auch der Handfläche, des Handgelenks, der Faust und der Arme. Diese Zählweise beinhaltet folglich auch Elemente, wie sie für den zahlwortlosen Typ charakteristisch sind (s. Kap. 3). Diese Ähnlichkeiten lassen den Schluss zu, dass Zählweisen in Verbindung mit Körperteildifferenzierungen in prähistorischer Zeit

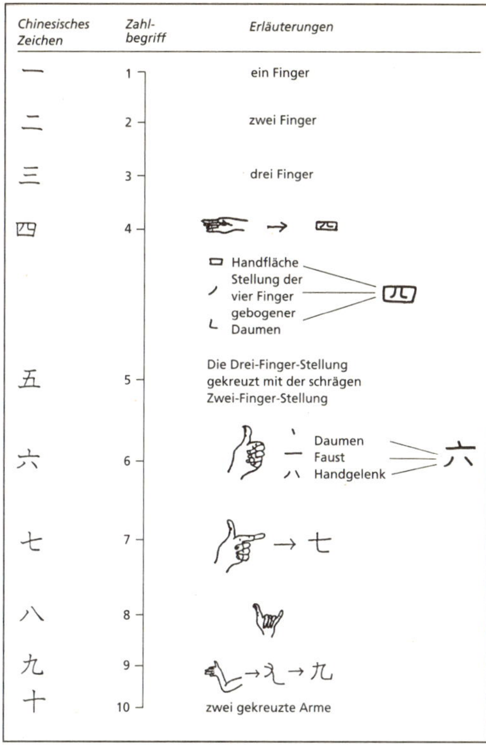

Abb. 6: Die historische Entwicklung chinesischer Zahlzeichen (Haarmann 1992: 143)

in weiten Teilen Ostasiens verbreitet waren und dass die zahlwortlosen Sprachen im Hochland Papua-Neuguineas Hinweise auf ein Rückzugsgebiet eines ehemals viel ausgedehnteren Kulturareals geben.

Ausgehend von einer Zählweise in vorliterarischer Zeit, wie sie sich noch im Schriftbild der Zeichen für die Grundzahlen spiegelt, hat sich das chinesische Zahlenwesen zu einem komplexen System entfaltet, in dem Zahlen je nach Schriftrichtung waagerecht oder senkrecht geschrieben werden.

Die Entwicklung der chinesischen Mathematik und Astronomie

Dieses komplexe System hat seinerseits die Entwicklung der mathematischen Tradition und der Astronomie in China ermöglicht (Martzloff 2006a). Anders als in Europa wurde die Sternenkunde in China immer von der Kosmologie (als Theorie vom Aufbau des Universums) getrennt. Die Mathematik diente bei den Chinesen nicht dazu, die Welt in Zahlen zu erklären, und sie strebten auch nicht wie die Europäer danach, die Ordnung des Kosmos auf das Wirken von mathematisch formulierten Naturgesetzen zu reduzieren. «Für die Chinesen stellte die Mathematik nicht die Wahrheit der Natur in ihrer göttlichen Vollkommenheit dar; sie war nur ein vorläufiges und approximatives Werkzeug. Deshalb schätzten sie ihre astronomischen Vorhersagen immer ungefähr so ein wie wir die Wettervorhersage – im Prinzip unzuverlässig. Sie haben ständig ihre Systeme für astronomische Berechnungen reformiert, weil sie von der unergründlichen Komplexität der Natur überzeugt waren» (Martzloff 2006b: 37).

Die Berechnung der Laufbahnen der Planeten und des Sonnenstandes wurden in regelmäßigen Abständen revidiert, zuerst im Jahre 104 v. Chr. und bis 1912 mehr als fünfzig Mal. Einer der Kernbegriffe in den chinesischen Quellen zur Astronomie ist *xin* (‹Neuerung; Reform›). Die Notwendigkeit, die astronomischen Berechnungen ständig zu reformieren, motivierte auch die Aufgeschlossenheit, mit der sich die mathematische Tradition in China fremden Einflüssen öffnete. Vom 7. bis 9. Jh. waren indische Astronomen und Mathematiker im China der Tang-Dynastie als Lehrer und Instrukteure beschäftigt. Im 14. Jh. entstand die Übersetzung einer Sammlung astronomischer Tafeln aus dem Arabischen ins Chinesische. Seit Mitte des 17. Jh. machten sich chinesische Astronomen mit den Berechnungsverfahren der Europäer vertraut, zunächst von Tycho Brahe, später auch von Kepler und Newton.

In China blieben Mathematik und Astronomie bis in die Neuzeit eng mit der Vorstellungswelt der Astrologie verknüpft. Die magisch-mythische Langzeitwirkung der Zahlen wurde nicht nur auf das Schicksal von Individuen bezogen, sondern ebenso auf das des chinesischen Kaiserreichs insgesamt. Daher haben Zahlen seit den Anfängen des Orakelwesens immer auch symbolische Bedeutung gehabt. Vor diesem kulturspezifischen Hintergrund ist es nicht verwunderlich, dass Zahlzeichen zu den ersten Ritzsymbolen gehören, die man auf Keramikgefäßen des 7. Jt. v. Chr. in prähistorischen Gräbern bei Jiahu (Provinz Henan) gefunden hat (Li et al. 2003).

Die enge Verwobenheit des Rechenwesens mit der Zahlensymbolik findet in der Geschichte des chinesischen Kulturschaffens einen nuancenreichen Widerhall. So gehörte etwa zur Amtstracht des Kaisers Shengzu (Sheng-tsu), der China als Vertreter der Qing- bzw. Mandschu-Dynastie von 1662 bis 1723 regierte, auch eine lange dekorative Halskette, für deren 72 Perlen sich ein tiefgründiger zahlensymbolischer Sinn erschließen lässt (Martzloff 2006b: 31):

2	Sonnenwenden (am 21. Juni und am 21. Dezember)
2	Tag-und-Nacht-Gleichen (am 23. März und am 23. September)
68	Perioden von fünf oder sechs Tagen, in die das Sonnenjahr – als Zeitspanne zwischen zwei Wintersonnenwenden definiert – eingeteilt war.

Das chinesische Zahlensystem in Japan und Korea

Die chinesische Zivilisation, die sich im ausgehenden 2. Jt. v. Chr. mit Urbanisierung, Schriftgebrauch und Techniken der Metallverarbeitung herausbildete, hat im Laufe der Zeit immer intensiver auf die Nachbarkulturen im Norden (Innere Mongolei), Nordosten (Korea, Japan), Süden (Vietnam) und Westen (Tibet) eingewirkt. Geradezu «augenfällig» hat sich diese Einwirkung in der Verwendung der chinesischen Schrift außerhalb Chinas niedergeschlagen. Wenn vom chinesischen Kulturkreis als historischem Konzept die Rede ist, so ist damit vorrangig die Verbreitung der chinesischen Schriftkultur gemeint. In einigen der vom chinesischen Sprach- und Kultureinfluss berührten und teilweise überformten Nachbarkulturen ist die chinesische Tradition bis heute vital erhalten und spiegelt sich auch in den Strukturen der Zahlwortsysteme wider.

Schon früh in der Geschichte des Rechnens in China wurde zur Organisation der hohen Zahlbegriffe der Begriff 10 000 (chines. *man*) als Basiseinheit verwendet. Diese Zähltradition hat sich auch in den Nachbarländern Chinas erhalten, in denen chinesischer Kultureinfluss wirksam geworden ist.

Beispielsweise werden höhere Stufenzahlen im Japanischen folgendermaßen ausgedrückt:

100 000 – *ju man*	= 10 × 10 000
1 000 000 – *hyaku man*	= 100 × 10 000
10 000 000 – *sen man*	= 1000 × 10 000

Dem gesamten Rechnungswesen Japans liegt dieses Prinzip zugrunde; beim Kaufen und Verkaufen etwa kommt die Multiplikation mit 1000 (Kilometer, Kilogramm usw.), wie sie in Europa gebräuchlich ist, nicht zur Anwendung. Der Yen ist die kleinste und gleichzeitig die einzige Werteinheit der japanischen Währung. Im Alltagsleben fungiert daher in Japan sehr häufig das aus dem Chinesischen entlehnte Zahlwort *man* als Basiseinheit (z. B. 12 000 Yen – japan. *ichi man ni sen en* ‹ein Man zwei tausend Yen›).

Der lang anhaltende chinesische Kultureinfluss auf die japanische und auch auf die koreanische Sprache hat bewirkt, dass zu deren einheimischen Zahlwortreihen die chinesische Zahlwortreihe (mit entlehnten Zahlwörtern) als Pendant mit exklusiver Kontextdistribution auftritt. Das heißt, die einheimischen Zahlwörter sind jeweils an Zusammenhänge gebunden, wo die chinesischen Zahlwörter nicht verwendet werden, und diese treten dort auf, wo die einheimische Zahlenreihe ungebräuchlich ist.

Der seit dem frühen Mittelalter auf die japanische Sprache und Kultur einwirkende chinesische Einfluss hat das japanische (einheimische) Zahlwortsystem in hohem Grad überformt. Seit langem dominieren Zahlwörter chinesischer Herkunft den Sprachgebrauch der Japaner. Die aus dem Chinesischen entlehnten Elemente des Japanischen werden sino-japanisch genannt. Im Japanischen ist die einheimische Zahlwortreihe heute stark eingeschränkt. Die Grundzahlen von 1 bis 13 sind noch erhalten; im Sprachgebrauch sind für diese Zahlwörter gleichsam «Nischenplätze» reserviert. Die japanischen Zahlwörter werden in solchen Kontexten verwendet, wo es ganz allgemein um das Zählen mit Bezug auf Objekte geht, außerdem bei Datumsangaben (Zählung der Tage des Monats). Einheimisch-japanische und sino-japanische Zahlwörter zeigen folgende funktionale Distribution (Haarmann 1986: 167f.):

	Japanisches Zahlwort (objektgebundenes Zählen)	*Sino-japanisches Zahlwort (begriffliches Zählen)*
1	hitotsu	ichi
2	futatsu	ni
3	mittsu	san
4	yottsu	shi
5	itsutsu	go
6	muttsu	roku
7	nanatsu	shichi
8	yattsu	hachi
9	kokonotsu	ku (kyu)
10	to	ju

Während diese beiden Reihen von Grundzahlen in komplementären Kontexten verwendet werden, können einige der japanischen und sino-japanischen Zahlwörter in denselben Kontexten auftreten. Dies gilt für die einheimischen Ausdrücke für 4 (in der Grundform *yon*) und für 7 *(nana)*, die funktionell identisch sind mit den sino-japanischen Äquivalenten *shi* ‹4› und *shichi* ‹7›. So können die Ausdrücke beider Systeme unterschiedslos in Verbindung mit gezählten Personen gebraucht werden; z. B. *nana-nin* oder *shichi-nin* zur Bezeichnung von ‹sieben Personen› (s. u. zum Element *-nin*).

Der chinesische Einfluss auf das japanische Numeralsystem erstreckt sich auch auf die Zahlensyntax des Japanischen. Weit verbreitet in den Sprachen Südost- und Ostasiens ist die Verwendung von Zähleinheitswörtern (bzw. Numeralklassifikatoren). Zwischen das Zahlwort und das gezählte Objekt tritt ein Bindewort, mit dem die Wortklasse bestimmt wird, zu dem das Zählobjekt gehört. Das Chinesische prägte auch das japanische System der «nominalen Numeralklassifikatoren *(josushi)*, die je nach der Art der gezählten Dinge den Numeralia suffigierend nachgestellt werden» (Lewin 1959: 57). In japan. *shichi-nin no samurai* ‹sieben Samurai› kennzeichnet der Numeralklassifikator *-nin* die Wortklasse «Mensch». Der japanische Ausdruck bedeutet wörtlich ‹sieben-Klasse ‹Mensch› (davon) Samurai›.

Beispiele für sino-japanische Numeralklassifikatoren sind außerdem *-ko* (allgemeines Zähleinheitswort für unbelebte Dinge; z. B. *hako niko* ‹zwei Schachteln›), *-satsu* (für Bücher; z. B. *hon go-satsu* ‹fünf Bücher›), *-mai* (für dünne Gegenstände; z. B. *kippu san-mai* ‹drei Eintrittskarten›) u. a. (Haarmann 1986: 169 ff.).

Die allgemeine Bezugnahme beim Zählen auf nicht spezifizierte Objekte (s. o.) unterscheidet sich vom Zählen klar identifizierter Dinge (entweder belebt oder unbelebt) und von Personen. Im letzteren Bereich sind japanische und sino-japanische Zahlwörter sowie Numeralklassifikatoren in einer multidimensionalen Matrix funktionell vernetzt. Besonders komplex ist die Matrix für das Zählen von Personen:

Zahlbegriff	*Japanisches Zahlwort*	*Japanischer Num.klassifikator*	*Chinesisches Zahlwort*	*Chinesischer Num.klassifikator*
1	hito-	-ri		
2	futa-	-ri		
3			san-	-nin
4	yon-			-nin
5			go-	-nin
6			roku-	-nin
7	nana-		shichi-	-nin
8			hachi-	-nin
9			kyu-/ku	-nin
10			ju-	-nin

In den Strukturen des Koreanischen hat sich der chinesische Einfluss etwas anders ausgewirkt als im Japanischen. Die einheimischen koreanischen Zahlwörter sind bis 99 erhalten geblieben, erst die Stufenzahlen ab 100 sind ausschließlich sinokoreanisch. Es gibt hier also weit mehr Dubletten für Zahlwörter als im Japanischen. Die komplementären Zahlwortreihen im Koreanischen sind folgendermaßen gegliedert (Haarmann 1998: 1886).

	Koreanisches Zahlwort	Sino-koreanisches Zahlwort
1	han(a)	il
2	tu(l)	i
3	se(t)	sam
4	ne(t)	sa
5	tasot	o
6	yosot	yuk
7	ilgop	chil
8	yodol	pal
9	ahop	ku
10 usw.	yol	sip

Ähnlich wie im Japanischen ist die Verwendung der beiden Zahlwortreihen im Koreanischen jeweils kontextspezifisch festgelegt. Die Distributionsregeln sind in dieser Sprache allerdings viel komplexer als im Japanischen. Bei Zeitangaben etwa muss zwischen der Zählung von Stunden (koreanisch) und Minuten oder Tagen (sino-koreanisch), unterschieden werden, ebenso zwischen der Angabe der Zeitdauer in Stunden oder Monaten (koreanisch) und Jahren (sino-koreanisch). Wenn Ausländer mit Koreanischkenntnissen bei Zeitangaben die Zahlwortreihen verwechseln, erweckt dies bei Koreanern den Eindruck von Kauderwelsch, auch wenn die Zahlbegriffe als solche korrekt bezeichnet werden.

Das Zähl- und Rechenwesen chinesischer Prägung hat sich in den Kernländern des chinesischen Kulturkreises (d. h. in China, Korea und Japan) bis heute erhalten, im Schriftgebrauch nicht nur in China selbst, sondern auch in Japan. Zahlen werden seit alters her entweder in Senkrecht- oder Waagerechtschreibung wiedergegeben. In der Moderne macht sich bei der Senkrechtschreibung westlicher (d. h. euro-amerikanischer) Einfluss bemerkbar. Und während für die traditionelle Zahlenschreibung keine Notwendigkeit bestand, ein Null-Symbol zu verwenden, tritt dies neuerlich als Konstituente im Zusammenhang mit chinesischen Zahlzeichen auf.

Das Zeichen für o ist nicht die einzige Ziffer, die – wenn auch indirekt – den Einfluss der arabischen Zahlenschreibung in den modernen Kulturen des Fernen Ostens markiert. Der Gebrauch arabischer Zahlen ist weit verbreitet. Dies gilt für die größeren Städte Chinas und für das Alltagsleben in Japan ganz allgemein. Am deutlichsten kommt dieser Indikator der Globalisierung bei der Preisbeschilderung von Waren zum Ausdruck sowie im elektronischen Kassenwesen. In den Staaten, wo das lateinische Alphabet für die Schreibung der Landessprachen adaptiert worden ist, also Vietnam und die Philippinen, werden generell die arabischen Zahlzeichen verwendet.

5. Die Hochkulturen Altamerikas

Die Entwicklung der Kulturen im amerikanischen Doppelkontinent (bzw. in den beiden Amerikas) ist mit der Südbewegung der Amerind-Populationen, die vor ca. 13 000 Jahren einsetzte, eigene Wege gegangen; sie blieb bis zur Ankunft der Europäer Ende des 15. Jh. unbeeinflusst von außen. Einige der altamerikanischen (bzw. präkolumbischen) Kulturen haben Institutionen entwickelt, wie sie aus den Zivilisationen der Alten Welt wohlbekannt sind: Sesshaftigkeit und Ackerbau, Keramikherstellung, Monumentalarchitektur, Urbanisierung, staatliche Organisation, Metallverarbeitung, Schriftgebrauch. Diese zivilisatorischen Institutionen sind in den präkolumbischen Gemeinschaften spontan als Errungenschaften des menschlichen Erfindergeistes ausgebildet worden, ohne dass hierfür externe Impulse aus der Alten Welt nötig gewesen wären.

Früher nahm man an, dass der Übergang von Lebensweisen der Jäger und Sammler zur Sesshaftigkeit und die Ausbildung von Technologien für die Kultivation von Nutzpflanzen ein einmaliger Prozess war, der im Nahen Osten stattfand. Von dort hätten sich agrarische Lebensweisen in die ganze Welt (einschließlich Amerika) verbreitet. Eine solche Annahme schien schlüssig, weil die Anfänge des Ackerbaus in anderen Teilen der Welt jünger sind als im sog. «Fruchtbaren Halbmond». Inzwischen ist allerdings nachgewiesen, dass die Bedingungen für den Anbau von Nutzpflanzen in den Regionen der Welt recht unterschiedlich sind und dass es zahlreiche lokale Experimente gab, die dann unabhängig voneinander zu ähnlichen Ergebnissen führten. Es kommt hinzu, dass die frühen Experimente mit der Kultivierung von Wildgräsersamen in Amerika in abgelegenen Regionen mit besonders günstigem Mikroklima stattfanden – dies gilt für das Tal von Oaxaca ebenso wie für die Andenregion –, also in Gegenden, die von außen abgeschieden waren.

Zahlwortsysteme in den Sprachen Mittelamerikas

Für die anderen zivilisatorischen Errungenschaften Altamerikas ist ebenfalls eine Sonderentwicklung anzunehmen. Die Regionalkulturen der Maya, Zapoteken, Azteken und Mixteken haben auch ein hochdifferenziertes, originales Rechenwesen hervorgebracht. Für ihre sakrale Kosmologie erarbeiteten Maya-Astronomen eine extrem präzise Zeitmessung, die in der Alten Welt ihresgleichen sucht. Mittelamerika scheint seit alters eine Großregion gewesen zu sein, in der die Kontakte zwischen verschiedenartigen Kulturen die Menschen in besonderer Weise mobilisiert haben, ihre kreativen Fähigkeiten auszubauen und für die Gemeinschaftsbildung einzusetzen. Was die Strukturierung von Zahlwortsystemen und die Anwendung von Zählprinzipien betrifft, so hebt sich Mittelamerika von anderen Regionen des Kontinents durch seinen auffälligen Variantenreichtum ab.

Die Strukturen der Sprachen Mittelamerikas lassen ein breites Spektrum von Zählweisen erkennen, angefangen von restringierten Systemen mit nur wenigen Zahlwörtern (z. B. Rama), außerdem das Dezimalsystem (z. B. Bribri, Nahuatl), das dezimal-vigesimale Mischsystem (z. B. Mixtekisch, Jakaltekisch) und das Zwanziger-System (z. B. Zoque, Yukatekisch). Sämtliche Varianten von Zählweisen, die in den Sprachen Amerikas verbreitet sind, finden sich in dieser Großregion. Von den historischen Sprachen ist das klassische Aztekisch (Nahuatl) mit seinem gemischten Fünfer- und Zwanziger-System hervorzuheben; dort wurde folgendermaßen gezählt (nach Ifrah 1987: 62):

1	ce	13	matlactli-on-yey (10+3)	40	ome-poualli (2x20)
2	ome	14	matlactli-on-naui (10+4)	50	ome-poualli-on-matlactli (2x20+10)
3	yey	15	caxtulli	100	macuil-poualli (5x20)
4	naui	16	caxtulli-on-ce (15+1)	200	matlactli-poualli (10x20)
5	chica (o. macuilli)	17	caxtulli-on-ome (15+2)	300	caxtulli-poualli (15x20)
6	chica-ce (5+1)	18	caxtulli-on-yey (15+3)	400	cen-tzuntli (1x400)
7	chic-ome (5+2)	19	caxtulli-on-naui (15+4)	800	ome-tzuntli (2x400)
8	chicu-ey (5+3)	20	cem-poualli (1x20)	1200	yey-tzuntli (3x400)
9	chic-naui (5+4)	30	cem-poualli-on-matlactli (20+10)	8000	cen-xiquipilli (1x8000)
10	matlactli				
11	matlactli-on-ce (10+1)				
12	matlactli-on-ome (10+2)				

Die Zahlensysteme und das Rechenwesen der mesoamerikanischen Hochkulturen erschließen sich der Nachwelt über die Schriftzeugnisse, die die Olmeken, Maya, Mixteken, Zapoteken und Azteken hinterlassen haben. Die präkolumbische Zahlenschreibung blieb auch nach der Ankunft der Spanier im 16. Jh. noch eine Weile in Gebrauch. In den Aufzeichnungen zeitgenössischer Chronisten sind die Zahlwerte der Symbole vermerkt. Die Zahlzeichen boten auch die ersten Informationen, die die Inschriften auf den im 19. Jh. entdeckten Kalendersteinen preisgaben, noch bevor die Maya-Texte dekodiert werden konnten. Erst Anfang der 1990er Jahre ist die endgültige, erfolgreiche Entzifferung der Maya-Schrift gelungen (Coe 1992).

Die Maya und das präkolumbische Rechen- und Kalenderwesen

Von allen präkolumbischen Zivilisationen kommt der Maya-Kultur eine Schlüsselrolle zu, weil sie über ihre wichtigsten Innovationen an die Nachbarkulturen vermittelt wurde, und dazu gehören das Rechenwesen, die Schreibweise der Zahlen und die Grundlagen eines zweischichtigen Kalenders. Die Differenzierung zwischen einem profanen (bzw. bürgerlichen, für den Alltagsgebrauch bestimmten) und einem sakralen (bzw. rituellen)

Kalender, welche die Kosmologie durchdringt, ist wohl die komplexeste Institution der Maya-Zivilisation (s. u.).

Im Gesamtbild des durch diese Vermittlerrolle der Maya angeregten Kulturaustausches in Mittelamerika fällt eine Region im wahrsten Sinne aus dem Rahmen: Im Stadtstaat von Teotihuacán entfaltete sich zwischen dem 2. und 8. Jh. in weitgehender Abgeschiedenheit eine der bemerkenswertesten präkolumbischen Zivilisationen, die jedoch nicht zum Bild von der allgemeinen kulturellen Konvergenz passt.

Um 600 n. Chr. war die Stadt (40 km nordöstlich des heutigen Mexico City) von rund 120 000 Menschen bewohnt, das staatliche Territorium von Teotihuacán dehnte sich über weite Teile Mexikos aus und war das größte Staatsgebilde im präkolumbischen Amerika. Einige der Hochleistungen dieser Gesellschaft, die von einer einflussreichen politischen Elite regiert wurde, sind bis heute zu bewundern, monumentale Pyramiden, Paläste und Tempel. Die darstellende Kunst in Teotihuacán entfaltete sich in zahlreichen Genres und brachte ein reiches Spektrum von Symbolmotiven hervor. Schrifttechnologie existierte lediglich in Ansätzen und wurde nicht für administrative Zwecke verwendet. Außerdem fällt auf, dass sich das ansonsten in Mittelamerika verbreitete Kalenderwesen für Teotihuacán nicht nachweisen lässt. Und auch das Rechenwesen war, soweit feststellbar, in jener Zivilisation nur rudimentär entwickelt (Berrin/Pasztory 1993).

Die anderen präkolumbischen Regionalkulturen nehmen Teil an der Schriftkultur der Maya und an der von ihnen zur Perfektion ausgebildeten Zahlenkunst. Die Ursprünge dieser beiden Traditionen liegen nicht bei den Maya, sondern bei den Olmeken, deren Kultur noch viel älter ist und die über ein typisches Genre ihrer steinernen Großplastik bekannt geworden sind: riesige skulpturierte Menschenköpfe mit Gesichtszügen des mythischen Jaguars. Der Kulturaustausch in Altamerika entfaltete sich über die Handelsrouten, und die Olmeken waren das erste Volk, das dieses weit gespannte Verbindungsnetz kontrollierte (Coe/Kerr 1997: 30 f., 63 f.).

Die Anfänge der klassischen olmekischen Hochkultur gehen

auf das 16. Jh. v. Chr. zurück, also in eine Zeit, als in Europa die mykenischen Griechen ihre Seemacht begründeten. Die Olmeken waren auch die ersten, die mit Schrifttechnologie experimentierten und das Rechenwesen zum Zweck der Zeitmessung einführten. Von den Kulturstätten der Olmeken – Tlalcozotitlán (im mexikanischen Bundesstaat Guerrero), San Lorenzo (Veracruz) und La Venta (Tabasco) – verbreitete sich das frühe Wissen über diese Technologien, die im Dienst von Vorstellungen über eine mythische Weltordnung standen, zunächst zu den Zapoteken, von dort dann zu den Maya, die weiter im Süden siedelten. In deren Kulturmilieu, das während der präklassischen Periode (650–300 v. Chr.) Eigenprofil entwickelte, wurde die Verwendung der Schrift perfektioniert und das Kalenderwesen voll ausgebaut (Longhena 2000: 98 ff.).

Diese beiden Technologien hängen ursächlich zusammen, und Priester-Astronomen der Maya entwickelten ein komplexes System von Glyphen, mit deren Hilfe Zahlbegriffe, Datumsangaben und astronomische Berechnungen aufgezeichnet wurden. Die Chronologie der Maya-Dynastien ist in den zahlreichen Stelen und Reliefs, mit denen die Palast- und Tempelbauten in den lokalen Stadtstaaten dekoriert sind, verewigt worden. In der Wiedergabe von Zahlbegriffen durch Zeichen der Maya-Schrift scheinen sowohl universelle Trends des abstrakten Denkens als auch typisch lokale, kulturspezifische Assoziationsmuster von Schriftbild und Zahlbegriff auf.

Die Verwendung von Punkten und Strichen (bzw. Balkenzeichen) zum Zweck der numerischen Notation lässt sich schon für die Altsteinzeit nachweisen (s. Kap. 1). Sie sind zeitlose und kulturungebundene abstrakte Zeichen, die sich spontan mit der Wiedergabe von Zahlbegriffen assoziieren. Es ist daher nicht verwunderlich, dass sie für die Zahlenschreibung in der Alten Welt (Mesopotamien) wie auch in der Neuen Welt (Mesoamerika) eingesetzt wurden, und zwar unabhängig voneinander. Die Maya drückten Einer-Zahlen mit einem Punkt aus, Fünfer-Kombinationen mit einem Balkenzeichen. In den Texten alterniert die Anordnung der Punktreihen und Balken zwischen waagerechter und senkrechter Stellung. Um solche Schreibweisen zu entwickeln, waren die Maya nicht auf Impulse von außen angewiesen; Spekulationen zu möglichen Fernwirkungen aus der Alten Welt muten für die präkolumbische Zeit abwegig an.

Unter praktischen Gesichtspunkten ist die Punkt-Balken-Schreibung der Zahlen besonders ökonomisch: «Während unser Dezimal-Positionssystem grundsätzlich zehn Ziffern zur Notierung beliebiger Zahlwerte benötigt, kommt das Maya-System mit nur drei Zahlzeichen aus: einem Punkt für ‹eins›, einem Strich für ‹fünf› und einem (von mehreren verfügbaren) Zeichen für ‹null› (...)» (Schele/Freidel 1991: 73).

Was das Schriftsystem der Maya allerdings zu einem kulturhistorischen Exotikum macht, ist der Sachverhalt, dass Begriffe, einschließlich der Zahlbegriffe, auch mit Hilfe von Hieroglyphen (d. h. eigentlichen Bildsymbolen) wiedergegeben werden konnten. Der moderne Benutzer von Schrift ist daran gewöhnt, dass sich ein Schriftsystem aus normierten Zeichen zusammensetzt, die nach bestimmten Konventionen angewandt werden. Aber anders als nach unserem europäischen Verständnis bezog sich Norm in der Schrifttradition der Maya-Zivilisation auf ein bestimmtes Muster von mehreren konventionellen Varianten, nicht auf die Festlegung einer einzigen Zeichenvariante zur Wiedergabe eines bestimmten Begriffs. Die Zeichen der Maya-Schrift waren multivalent. Die Abbildung einer mythischen anthropomorphen Figur in einer Kopfglyphe konnte eine bestimmte Gottheit identifizieren. Dasselbe Miniaturbild wurde auch zur Schreibung einer Silbe und/oder zur Bezeichnung eines Zahlbegriffs verwendet. Beispielsweise stand die Kopfglyphe der Mondgöttin einerseits für den Zahlwert 1, und andererseits wurde damit auch die Silbe *na* geschrieben. Die Multivalenz der Maya-Schriftzeichen geht in zwei Richtungen. Einerseits gibt es Zeichen mit mehreren Funktionen – anderseits kann ein und derselbe Begriff mit verschiedenen Zeichen oder deren Varianten geschrieben werden (wie das Null-Symbol). Diese doppelte Multivalenz hat so manchen Forscher, der sich der Entzifferung der Maya-Schrift gewidmet hat, zur Verzweiflung getrieben.

Die Schreibung der Grundzahlen mit Götterglyphen war ebenso geläufig wie die mit der abstrakten Punkt-Balken-Kom-

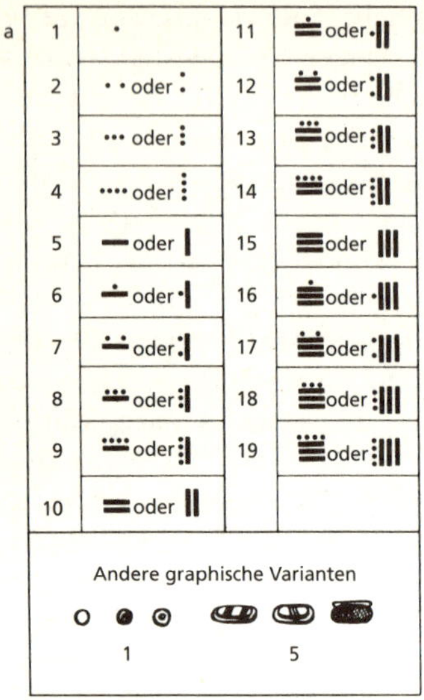

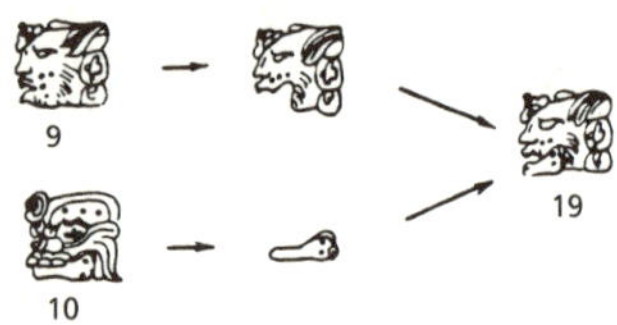

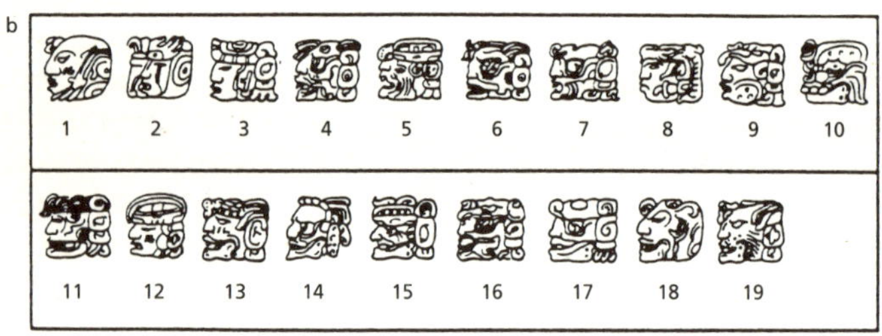

Abb. 7: Die Schreibung der Zahlen von 1 bis 19 bei den Maya

a) Die Punkt-Balken-Technik im profanen Kalender (Haab) (nach Ifrah 1987: 463)
b) Die Schreibung mit Hieroglyphen im rituellen Kalender (Tzolkin) (nach Haarmann 1992: 194)

binatorik. Die beiden Schreibweisen waren kontextgebunden (Abb. 7).

Die hieroglyphische Schreibweise der Zahlen ist verklärt mit mythischer Symbolik. Die Zahlen von 1 bis 13 werden mit individuellen Kopfglyphen wiedergegeben. Diese Gruppe der somit symbolisierten Gottheiten sind die dreizehn Hauptgötter des Maya-Pantheons, Oxlahuntiku genannt. Die Schreibung der Grundzahlen rangiert von der Glyphe für 1 (Kopf der Mondgöttin) bis zur Glyphe für 10 (Kopf des Totengottes). Diese Gottheiten herrschen in der Oberen Welt und sind für die Aufrechterhaltung der Rituale des Ritualkalenders verantwortlich. Zur Wiedergabe der Zahlen ab 14 wurden Kompositionen geschaffen, in denen Elemente verschiedener Kopfglyphen buchstäblich «zusammengesetzt» sind. Die Basis ist die 10, symbolisiert durch die Kopfglyphe des Totengottes (Ah Puch). In Zusammensetzungen fungiert der Unterkiefer des Totengottes als «Basis», auf die die Köpfe der Einser-Zahl-Gottheiten (ohne deren Unterkiefer) visuell projiziert wurden.

Es wird immer wieder behauptet, die Maya hätten das 0-Symbol nicht gekannt. Dies trifft nicht zu, im Gegenteil, es gibt sogar verschiedene Glyphen zu dessen Wiedergabe, und zwar Vollglyphen wie auch Teilglyphen (d. h. solche, die nur Teilbilder vermitteln). Dazu gibt es höchst unterschiedliche Varianten, abhängig davon, ob sie in einem Textcodex oder als Inschrift auf einem Bauwerk erscheinen, ob sie eine Zeitspanne oder ein Datum bezeichnen und auch in welcher Postion sie stehen.

Die Maya-Glyphen für den Null-Begriff illustrieren in ungewöhnlicher Weise die Alternation von Bild- und Symboltechnik (Cauty/Hoppan 2006: 22 f.): Eine der Vollglyphen (Abb. 8), die zur Schreibung des Null-Begriffs verwendet wurden, ist die Darstellung zweier sitzender Personen, von denen die eine den Begriff *kin* ‹Tag› symbolisiert. Die andere Figur weist auf die «Tag-Figur» mit einer enttäuschten Miene. Inhaltsmäßig gibt diese Szene einen komplexen Begriff wieder: ‹das Fehlen der Tage›. Die Szene mit den beiden Figuren wird zur visuellen Metapher und steht für ‹nichts› (= 0). Die Zählweise der Maya basiert auf der Einheit 20, repräsentiert also das Vigesimalsystem. Das Zahlwort für 20 heißt im klassischen Maya *uinic*. Dies war auch die Bezeichnung für die Monatseinheit des Ritualkalenders mit jeweils 20 Tagen, und zwar in der Bedeutung ‹Mensch› (mit seinen insgesamt 20 Fingern und Zehen). Das Schriftzeichen für diesen zentralen Zahlbegriff

Abb. 8: Die Vollglyphe zur Schreibung des Begriffs 0 (nach Ifrah 1987: 468)

ist die Glyphe für ‹Mond›. Die für die Maya-Kosmologie bedeutsamen Jahreszyklen werden sämtlich auf der Basis 20 berechnet:

Name	*Bedeutung*	*Zähleinheit*	*Anzahl der Tage*
tun	Jahr	Grundbegriff	360
katun	20-Jahres-Zyklus	20 tun	7200
baktun	20x20-Jahres-Zyklus	20 katun (400 Jahre)	144 000
pictun	20x20x20-Jahres-Zyklus	20 baktun (8000 Jahre)	2 880 000
calabtun	20x20x20x20-Jahres-Zyklus	20 pictun (160 000 Jahre)	57 600 000
kinchiltun	20x20x20x20x20-Jahres-Zyklus	20 calabtun (3 200 000 Jahre)	1 152 000 000
alautun	20x20x20x20x20x20-Jahres-Zyklus	20 kinchiltun (64 000 000 Jahre)	23 040 000 000

Die bloße Existenz von Bezeichnungen für die höchsten Zyklen *(kinchiltun, alautun)* in der sog. «Langen Zählung» (engl. *Long Count*) lässt darauf schließen, dass mit den damit assoziierten extrem hohen Zahlwerten auch gerechnet wurde. Ein Bedarf dafür bestand in der Priesterelite der Maya, den Experten der mythischen Weltordnung, um den Zustand der Welt in der Aufeinanderfolge kosmologischer Zyklen zu beobachten und die zyklische Dynamik mit Festivitäten und Opferritualen im menschlichen Lebensrhythmus zu begleiten. Für diese Zwecke brauchte man ein ausgeklügeltes Kalenderwesen, und das schufen sich die Maya in perfektionistischer Hingabe.

In einer Art doppelter Zeitmessung waren zwei parallele Kalendersysteme in Gebrauch: der Zeremonial- bzw. Ritualkalender, *tzolkin* (‹Heilige Runde›), und der Sonnenkalender, *haab* (‹unscharfes Jahr›). Die Zyklen des Tzolkin und des Haab weichen erheblich voneinander ab:

Kalendersystem	*Anzahl der Monate*	*Anzahl der Tage pro Monat*	*Gesamtzahl der Tage pro Jahr*
Tzolkin	13	20	260
Haab	18 (+1)	20 (5)	360 (+5)

Die Rechnung von 18 Monaten zu je 20 Tagen ergibt eine Summe von 360 Tagen für das Haab. Am Ende des Zyklus stand Uayeb, ein Kurzmonat mit 5 Tagen. Jeder Tag hatte seinen individuellen Namen, ebenso die Monate. Datumsangaben wurden jeweils in Form von Dubletten gemacht, nach der Berechnung des Tzolkin (an erster Stelle) und des Haab (an zweiter Stelle). Eine Kalenderstele zur Stadtgeschichte von Quiriguá in Guatemala etwa zeigt das Datum *13 ahau* (Tzolkin) *18 cumku* (Haab), das entspricht dem 24. Januar 771 n. Chr.

Wie relativ die Vorstellungen über zyklische Zeiträume sein können, wird im Kalenderwesen der Maya besonders deutlich. Europäer sind seit der Antike daran gewöhnt, Zeitzyklen in Zehnerpotenzen zu messen, und zwar 10 Jahre (Jahrzehnt), 100 Jahre (Jahrhundert), 1000 Jahre (Jahrtausend), 10 000 Jahre, 100 000 Jahre, 1 Million Jahre usw. In der Kosmologie der Maya entspricht der Anfang der Zeitrechnung, das Nulldatum, dem 11. August 3114 v. Chr. unserer Zeitrechnung. Den Zeitverlauf stellte man sich zyklisch vor, wobei sich chronologische Zyklen an den Variationsmustern der Tagesangaben in den beiden Kalendersystemen orientierten. Alle 52 Jahre wiederholte sich die Kombinatorik der Tages- und Monatsnamen. Diese Einheit der Zeitmessung, der 52-Jahres-Zyklus (bzw. die Kalenderrunde) ist die elementare Orientierungs-

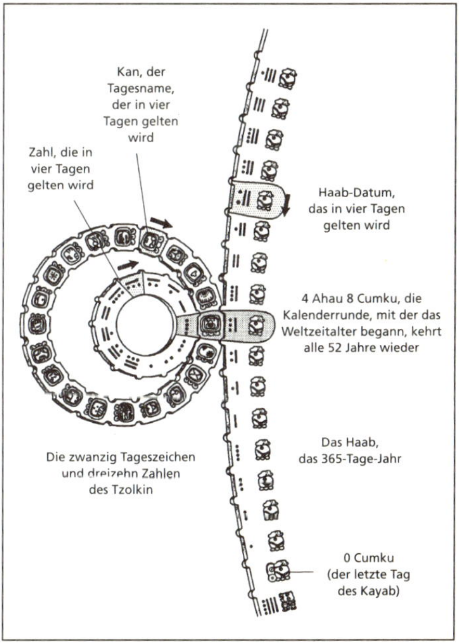

Abb. 9: Die große Kalenderrunde in der Maya-Kosmologie (nach Schele/Freidel 1991: 72)

größe der Maya-Historiographie und der darin repräsentierten Herrschergenealogien (Abb. 9). Für die mythisch-kosmologisch gegründete Zeitrechnung bezog man sich auf die Zyklenberechnung nach der Zwanziger-Potenz (*katun, baktun* usw.).

Nach der traditionellen Zeitvorstellung der Maya hatte die Jahrtausendwende keine nennenswerte Bedeutung. Das weltweit gefeierte Millennium-Datum, der 1. Januar 2000, war ein 9 *ahau* 8 *kankin* in der Kalenderrunde. Ein bedeutendes Datum in der Zeitrechnung der Maya ist dagegen der 23. Dezember 2012. An diesem Tag (13.0.0.0.0 4 *ahau* 3 *kankin*; die Nullstellen beziehen sich auf Zeiteinheiten wie *tun* ‹Jahr›, *uinal* ‹Monat› und *kin* ‹Tag›) vollendet sich ein Zyklus von 13 *baktun* (5200 Jahre) in der Langen Zählung, und ein neuer langer Zyklus beginnt. Sofern besondere Termine der kosmologischen Zeitmessung mit der erlebten Zeit der präkolumbischen Maya kongruierten, wurden diese festlich begangen, als Reaktualisierungen der Weltordnung im kulturellen Gedächtnis.

Der Niedergang der Maya-Zivilisation setzte gegen Ende des 8. Jh. n. Chr. ein; die letzten Spuren auf Kalenderstelen stammen vom Beginn des 10. Jh.

Die Schrifttechnologie sowie das Rechen- und Kalenderwesen der Maya sind von den Völkern übernommen worden, die mit ihnen in Handelskontakten und regem Kulturaustausch standen, etwa von den Mixteken und Tolteken. Später nutzten auch die Azteken diese Traditionen für sich, allerdings nicht in direkter Übernahme von den Maya, sondern über Vermittlung durch die Zapoteken. Die Zahlenschreibung bei den Azteken zeigt lokale Besonderheiten in der Auswahl von Bildmotiven und ein anderes Abstraktionsniveau (Abb. 10).

Die zeitlich späteren Adaptionen, in denen sich das Kulturerbe der Maya fortsetzt, wie die der Mixteken und Tolteken, muten allerdings epigonenhaft an im Vergleich zur Hochblüte.

Seit Beginn der spanischen Kolonialzeit hatte die Zeitmessung nach dem altamerikanischen Kalender keine praktische Bedeutung mehr. In dem Maße, wie die Assimilation an spanische Kultur und Sprache bei den Maya während der spanischen Kolonialzeit und in der nachkolonialen Ära fortschritt, gewöhnten

Abb. 10: Zahlzeichen der Azteken (Haarmann 1992: 146)

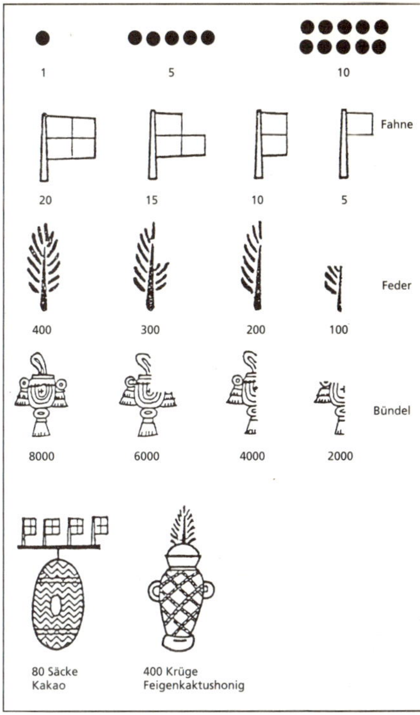

sie sich an die von den Europäern nach Amerika exportierte Zeitmessung und die damit assoziierten Vorstellungen. Im religiösen Synkretismus der Maya-Bevölkerung werden wichtige traditionelle Festtage mit den Daten des europäischen Kalenders synchronisiert. Auch die traditionelle Zählweise nach dem Vigesimal-System wird zunehmend überformt von der sprachlich am Dezimalsystem orientierten Zahlenordnung des Spanischen.

Ein nostalgischer Nachklang ist die Wiederbelebung des präkolumbischen Kalenderwesens an den von Touristen besuchten alten Kulturstätten. Besucher können sich eine Urkunde ausstellen lassen, auf der ihr Geburts- oder Besuchsdatum nach dem altamerikanischen Kalender verzeichnet ist.

Die Schnurtechnik in der Andenregion

Der Erfindungsgeist der Menschen, Informationen mit schriftunabhängigen Mitteln zu fixieren, hat auch bewegliche visuelle Techniken hervorgebracht hat, die nicht an starre Symbolträger gebunden sind. Ein Beispiel hierfür ist die Schnurtechnik der *khipu (quipu)*, deren Hauptaufgabe die Notation von Zahlbegriffen war, mit der aber auch Hunderte von sprachorientierten Begriffen wiedergegeben werden konnten (Pärssinen 1992).

Knotenschnüre als mnemotechnisches Mittel zum Zählen

und Rechnen zu verwenden, ist keine originelle Erfindung der Altamerikaner in der Andenregion. In chinesischen Quellen des 1. Jt. v. Chr. finden sich Hinweise darauf, dass die Schnurtechnik in China vor der Einführung der Schrift benutzt wurde. Zur Zeit der römischen Herrschaft im Nahen Osten, d. h. in den ersten Jahrhunderten unserer Zeitrechnung, verwendeten die Steuerbeamten (lat. *publicani*) Knotenschnüre zur Auflistung der Steuern und als Quittungen. Aus der Neuzeit ist der Gebrauch von Knotenschnüren für Zwecke der numerischen Notation von den Karolinen und von Hawaii (Ozeanien) sowie aus Westafrika (von den Yebu in Nigeria) bekannt. Nirgendwo sonst aber ist die Schnurtechnik zu einem so komplexen, mehr als nur Zahlbegriffe erfassenden Notationssystem ausgebaut worden wie in der präkolumbischen Inkazivilisation.

Die Nachrichtenübermittlung mit Hilfe von *khipu*-Schnurbündeln war das wichtigste Medium der Fernkommunikation im Staat der Inka, auch über große Distanzen hinweg. Speziell trainierte Laufboten trugen die Schnurbündel über Verbindungswege, die in ein Netz von Botenstationen eingebunden waren. In seiner größten Ausdehnung zu Beginn des 16. Jh. reichte das Staatswesen der Inka, Tawantinsuyu (‹Land der vier Weltgegenden›) genannt, von Ecuador im Norden bis nach Zentralchile im Süden, erstreckte sich also über fast 4000 km. Kulturforscher wundern sich immer wieder darüber, wie es möglich war, ein solches Imperium ohne die Verwendung von Schrifttechnologie zu organisieren und zusammenzuhalten.

Schon die Spanier staunten gleich nach ihrer Ankunft in Peru im Jahre 1532 über die seltsamen Schnurbündel und ihre Funktion. Da aber die spanischen Kolonialherren die Inka-Elite binnen kurzer Zeit ausgerottet hatten, gab es kaum noch Menschen, die die Schnurtechnik beherrschten. In den Berichten der Chronisten des 16. Jh. – Cieza de León, Ondegardo, Molina, Cordoua Mesia, Acosta u. a. – sind Fakten und Spekulationen verquickt. Einige behaupteten, die Inka hätten mit den *khipu* historische Begebenheiten, Gesetze und Anweisungen für die Ausführung von Ritualen aufgezeichnet. Andere wiederum hoben die Verwendung der *khipu* zur Wiedergabe von Zahlen, Maßeinheiten,

Listen über Waren und Abgaben u. ä. hervor. Für die einen waren die *khipu* ein Medium zur Aufzeichnung von Geheimwissen der Inka-Priester, für die anderen ein profanes Instrument im Dienst der staatlichen Verwaltungsbürokratie.

Wie so häufig im Fall extrem auseinander driftender Deutungen ist die Wahrheit auch hier irgendwo in der Mitte anzusiedeln. Durch die Jahrhunderte wurde über Funktion und Leistungsfähigkeit der Schnurtechnik spekuliert. Erst gegen Ende des 20. Jahrhunderts gelang der endgültige Durchbruch in der Deutung der *khipu* als Kommunikationssystem. Während früher die mnemotechnische Leistung der *khipu* für die Zahlennotation als deren wesentliches Potential betont wurde, ist heute bekannt, dass die *khipu* weit mehr leisteten (Pärssinen 1992; Urton 2003).

Die Techniken der Herstellung von Schnurbündeln (mit Längen zwischen 20 und 50 cm) basierten auf drei Grundvariablen (Pärssinen 1992: 37 ff.):

- Farbvariation (Objekte, auf die Bezug genommen wurde, waren eingeteilt in Klassen, die jeweils farbig gekennzeichnet waren; z. B. hellbraun und dunkelblau für Nutzpflanzen, rot für Menschen, hellgrün und weiß für Ortschaften verschiedener Größe, dunkelgrün für den abstrakten Begriffskomplex ‹Tod; sterben, umkommen›);
- Ordnung (die Position von Haupt- und Nebenschnüren in Bezug zur Grundschnur, an der alles festgezogen wurde, sowie die Abstände der Knoten zueinander und zur Grundschnur markierten die Ordnung von Zahlen und begrifflichen Kategorien);
- Knotenbildung (die Positionierung einzelner Knoten auf derselben Schnur sowie die Verknotung von Haupt- und Nebenschnüren bieten vielerlei Alternativen in Relation zu anderen Variablen, d. h. Farbe und Ordnung).

«Mit Hilfe verschiedener Kombinationen von Farben und Knüpftechniken war es tatsächlich möglich, mehrere Hundert ja sogar Tausende verschiedener Begriffskategorien zu bezeichnen, wie etwa domestizierte Tiere, Nutzpflanzen, wilde Tiere, usw.» (Pärssinen 1992: 37). Je nach ihrer Positionierung im

Ordnungsschema besaßen einzelne Knoten unterschiedlichen Zahlwert. Je geringer der Abstand eines Knotens von der Grundschnur war, desto höher war der Zahlwert. Am nächsten zur Grundschnur waren die 1000er-Einheiten platziert, weiter unten folgten die 100er, dann die 10er und ganz unten «hingen» die Einser. «Die Null wird repräsentiert durch eine «leer» bleibende Gruppe. Während die Einer einfach an ihrem Knotentyp zu erkennen sind, ist aus der gleichartigen Position der Knotengruppen auf allen Schnüren leicht zu ersehen, wo eine Gruppe fehlt» (Mangin 2006: 28). Die Distribution der Zähleinheiten nach Zehnerpotenzen reflektiert die Zählweise der Inka, die mit dem Dezimalsystem rechneten. Dementsprechend strukturiert ist auch das Zahlwortsystem im klassischen Quechua, der Amtssprache des Inkareichs.

Die traditionellen Deutungen der *khipu* als Hilfsmittel der Zahlenmemorierung treffen insofern zu, als die Knoten, ihre Gruppierungen und Abstandsmuster Zahlbegriffe wiedergeben. Damit ist aber noch nicht erklärt, für welche konkreten Kontexte Schnurbündel mit ihren numerischen Aufstellungen hergestellt wurden. Erst wenn man die Zahlennotation in Beziehung setzt zu den Ordnungsmustern und der Farbenskala der Schnüre, erschließt sich die kontextuelle Einbettung und damit der inhaltliche Bezug der Nachricht.

Die Nachrichtenübermittlung mittels *khipu (quipu)* brachte einen eigenen Berufsstand hervor, den der *quipucamayoc* (‹Wächter der Knoten›). Ähnlich den Schreibern in den Zivilisationen Mesopotamiens und Ägyptens waren die *quipucamayoc* als Experten der Knotentechnik verantwortlich für die Buchhaltung im Inkastaat, für die Abwicklung von Warengeschäften und für die Kontrolle der Vorratswirtschaft zum Unterhalt der Herrscherfamilie. Der *quipucamayoc* erstellte eine Nachricht an dem Ort, wo er wirkte, d.h. er fertigte ein Schnurbündel an. Diese wurde durch Boten an den Zielort gebracht, wo der lokale *quipucamayoc* die Nachricht für den lokalen Verwaltungsbeamten dekodierte, falls dieser nicht selbst der Schnurtechnik mächtig war.

Der riesige Flächenstaat Tawantinsuyu, der größte der präkolumbischen Geschichte Amerikas, wurde mit Hilfe eines numerischen Ordnungsschemas verwaltet. Jede Provinz und jede Provinzhauptstadt, und zusätzlich größere Ortschaften, hatten eine bestimmte Nummer und wurden in den Schnurbündeln entsprechend identifiziert. Man brauchte also keine Namen von Verwaltungsregionen oder Städten zu verzeichnen, es reichte die Identifikationsnummer aus, mit der klar ausgewiesen wurde, für welche Provinz und welchen Ort die Nachricht bestimmt war.

Um den Inhalt von Schnurbündeln korrekt in Worten wiederzugeben und somit verständlich zu machen, braucht man mehr Fähigkeiten als einfaches Zählen und Rechnen. Es geht ja nicht allein um die Dekodierung der numerischen Notation (d. h. der Knoten entsprechend ihrer Positionierung), die Zahlbegriffe müssen auch in Beziehung zu Begriffsklassen des Inka-Kulturmilieus gesetzt werden, was wiederum die Dekodierung der Farbgebung sowie der Bündelungen einzelner Schnüre entsprechend einem festgelegten Ordnungsschema erfordert. Im Hinblick auf die kommunikative Effektivität der *khipu*-Technik steht dieses Zeichensystem an der typologischen Schwelle zur Schriftverwendung.

Wie die visuelle Enkodierung einer *khipu*-Nachricht und deren Dekodierung mit dem Medium Sprache in der Praxis aussieht, sei am Bespiel eines Schnurbündels erläutert (Abb. 11).

Die Tradition der Nachrichtenvermittlung mittels der Schnurtechnik wurde

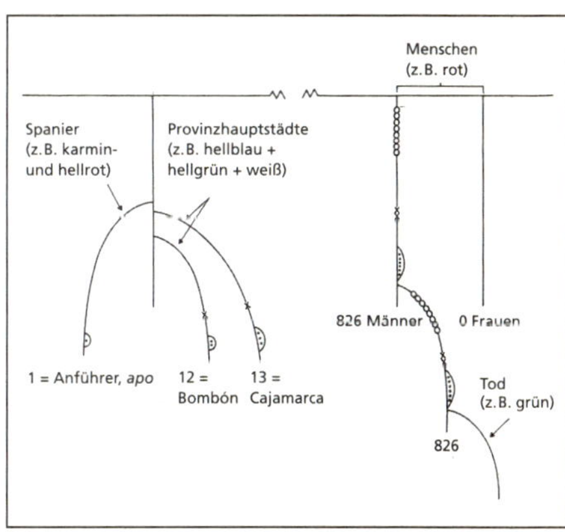

Abb. 11: Enkodierung und Dekodierung eines *khipu* (nach Pärssinen 1992: 39)
Die Botschaft: «Als der Marquis (von Cajamarca) nach Bombón zog, gaben wir ihm 826 Männer (und keine Frauen) mit, und alle starben während der Expedition.»

abrupt mit der gewaltsamen Auflösung des Inkastaats und der Dezimierung seiner herrschenden Elite unterbrochen. Obwohl während der spanischen Kolonialzeit kein Bedarf mehr an *quipucamayoc* und deren professionellem Know-how bestand, ging das Grundwissen über die Bedeutung und Handhabung der *khipu* nicht ganz verloren. Im Hochland von Peru und Bolivien tradierten die Hirten die Fertigkeit, Knotenschnüre für ihren Tauschhandel zu verwenden, allerdings auf einem elementaren Niveau (ohne das komplexe Farb- und Ordnungsschema der Inkazeit). In Resten hat sich die Schnurtechnik, von den Indios *chimpu* genannt, für die Bestandsaufnahmen ihrer Herden bis heute erhalten (Ifrah 1987: 124 f.).

6. Die frühen Hochkulturen der Alten Welt

Die traditionelle Betrachtung der frühen Zivilisationen fängt mit einem Blick auf die kulturelle Entwicklung in Mesopotamien an, genauer gesagt, mit einem Blick auf die formative Periode der altsumerischen Stadtstaaten im ausgehenden 4. Jt. v. Chr. (z. B. Kuhrt 1995: 19 ff.). Diese Art der Darstellung folgt dem Leitmotiv *ex oriente lux* (‹das Licht aus dem Osten›), wonach die Wiege der Zivilisation in Mesopotamien gestanden hätte und das Licht der Hochkultur im Osten aufgegangen wäre. Als wesentliches Kriterium für die Festlegung des Beginns der Geschichte in Abgrenzung von der Vorgeschichte werden allgemein die Verwendung von Schrift und die Aufzeichnung historischer Quellen gewertet. Diese Tradition setzte um 3150 v. Chr. mit den Tontafeln aus der Fundschicht von Uruk IV ein.

Zweifellos ist dieses frühe Auftreten von Schrift eine Besonderheit der Kulturentwicklung im Nahen Osten, aber eben nur jener Region. Inzwischen sind ältere Experimente mit Schrift und anderen zivilisatorischen Technologien bekannt. Ägypten hat Mesopotamien den Rang abgelaufen, die älteste Zivilisation der Welt geschaffen zu haben. Dies fordert zur Formulierung eines neuen Leitmotivs heraus: *ex meridie lux* (‹das Licht aus dem Süden›).

Aber auch dies ist nicht mehr schlüssig. Es gibt noch ältere Spuren von Schriftgebrauch und Zahlenschreibung. Die gelungenen Experimente mit Schrift und anderen spezialisierten Technologien in Südosteuropa lassen die Anfänge der alten Zivilisationen in einer ganz neuen Perspektive erscheinen: *ex occidente lux* (‹das Licht aus dem Westen›). Im Sinn dieser Neuorientierung wird hier das Zahlenwesen in den Zivilisationen der Alten Welt betrachtet.

Erste Notationen in der Donauzivilisation

Auf der Suche nach den frühesten Experimenten mit Schrifttechnologie ist die Forschung auf die Spur einer alten Zivilisation gekommen, deren Zeithorizont sich erst in den 1980er Jahren endgültig abzeichnete, denn die exakte Datierung des Alters der Artefakte und Siedlungsplätze gelang erst mit den Methoden der Dendrochronologie (Baumringaltersbestimmung). Aufgrund der kalibrierten (d.h. korrigierten) Radiokarbondaten weiß man heute, dass in Südosteuropa viel früher als in Ägypten und auch in Mesopotamien mit zivilisatorischen Technologien und Institutionen experimentiert wurde, und zwar bereits im 6. Jt. v. Chr.

Lange bevor die Griechen und andere indoeuropäische Völker wie Thraker, Mazedonier und Illyrer in ihre Wohnsitze auf dem Balkan einwanderten, hatte die einheimische vor-indoeuropäische Bevölkerung in jener Region agrarische Lebensweisen angenommen und ein Gemeinwesen geschaffen, in dem die Ortschaften durch ein Netz intensiver Handelsbeziehungen miteinander verbunden waren. Aufgrund des regen Austausches von Gütern und Ideen waren auch elementare Kulturmuster weit verbreitet. Jenes Gemeinwesen, das sich durch eine frühe Spezialisierung der Keramikherstellung und der Metallverarbeitung (Kupfer und Gold), durch ein vielseitiges Kunstschaffen in zahlreichen Genres (Kleinplastik, Verwendung von Bildmotiven und abstrakten Motiven auf Siegeln und im Dekor auf Keramik und Kultgegenständen) und durch eine differenzierte religiöse Symbolik auszeichnete, ist Alteuropa (Gimbutas 1991) bzw. Donauzivilisation (Haarmann 2002, 2005) genannt worden.

Das Zeitgefälle gegenüber anderen Regionen ist beachtlich, wenn man bedenkt, dass der älteste Goldschatz der Welt (Kultobjekte aus einem neolithischen Gräberfeld bei Varna in Bulgarien) in die Zeit um 4500 v. Chr. zu datieren ist, also rund eineinhalb Jahrtausende vor den ersten vergleichbaren Funden in Mesopotamien.

Wie dies für frühe Schriftsysteme typisch ist, operiert auch die Donauschrift mit mehreren hundert individuellen Zeichen. Unter diesen Zeichen mit ihren überwiegend abstrakten Formen ist eine eigene Klasse von Symbolen, die sich wiederholen und vorzugsweise in Gruppierungen auftreten. Es handelt sich dabei um zwei elementare Motive, Punkt und Strich. Die besondere Art und Weise, wie diese Symbole mit anderen Zeichen kombiniert werden, spricht dafür, dass wir es hier mit den konstitutiven Elementen eines numerischen Notationssystems zu tun haben.

Die Donauschrift ist noch nicht entziffert, und auch die Zahlwerte für jeweils Punkt oder Strich sind nicht bekannt. Aufgrund seiner Analyse des inschriftlichen Materials gelangt Winn (2008) zu der Schlussfolgerung, dass in der Donauzivilisation die Basis 10 verbreitet war, möglicherweise auch ein weiteres System mit der Basis 12.

Da man für die Donauzivilisation den Zeitraum von etwa 5500–3200 v. Chr. ansetzt, tritt hier zum ersten Mal in der Kulturgeschichte ein System von Zahlzeichen in Kombination mit einem Schriftsystem auf (Haarmann 2005: 230f.). Die Anfänge einer systematischen Zahlenschreibung und damit auch des Rechenwesens sowie mathematischer Grundlagen reichen also viel weiter zurück als die «6000 Jahre Mathematik» (Wußing 2008) der traditionellen Kulturgeschichte, nämlich weit über 7000 Jahre.

Gegen Ende des 4. Jt. v. Chr. erlischt die Schrifttradition der Donauzivilisation, bedingt durch die Unruhen, die die Migrationen der Indoeuropäer in der Balkanregion auslösten (Anthony 2007: 258ff.). Bislang ist umstritten, ob und in welchem Umfang der Schriftgebrauch der altkretischen (minoischen) Kultur des späten 3. Jt. v. Chr. von der alteuropäischen Schrift inspiriert worden ist. Unbestritten sind die Ähnlichkeiten im Zeicheninventar beider Systeme. Die Frage, ob es sich bei der altkretischen Linearschrift (Linear A) um einen eigentlichen Ableger der alten Schrift Europas handelt oder lediglich um einen Transfer der Idee des Schriftgebrauchs, gilt es durch weitere Forschung abzuklären (Haarmann 2002). Offensichtlich hat aber nicht nur die Schrift der Donauzivilisation, sondern auch die alteuropäische Zahlennotation auf die altmediterranen Kulturen (Altkreta, Altzypern) ausgestrahlt. Dort waren Zahlensysteme in Gebrauch, die zeitgleich sind mit der Tradition der Zahlenschreibung im Nahen Osten, allerdings unabhängig von dieser.

Das altsumerische Schriftsystem mit einem parallel dazu entwickelten System für die Zahlenschreibung entstand ungefähr in jener Periode, als die Schrift in Südosteuropa außer Gebrauch kam. Angesichts des bis nach Anatolien und Syrien ausgedehnten Fernhandels, den die Ubaid-Leute vor den Sumerern in Mesopotamien unterhielten, ist mit der Möglichkeit eines Ideentransfers, zu rechnen, der in der Frühzeit, d. h. im 5. und 4. Jt. v. Chr., von Westen (Europa) nach Osten (Asien) gerichtet war, also mit einer west-östlichen Kulturdrift.

Inventarisierung im Alten Ägypten

Deutlich eher als in Mesopotamien wurde in Altägypten eine Schrift entwickelt und auch ein Repertoire von speziellen Zeichen für die Wiedergabe von Zahlbegriffen und Mengeneinheiten ausgebildet. Bereits für die vordynastischen Periode, d. h. vor der politischen Einigung der beiden ägyptischen Teilreiche Ober- und Unterägypten, ist ein wenn auch bescheidenes Schrifttum nachweisbar, immerhin macht der zeitliche Vorsprung hier also rund 150 Jahre aus. Die früheste (kalibrierte) Datierung für Siegelinschriften auf Grabbeigaben in den Königsgräbern von Abydos in Oberägypten liegt bei 3310 v. Chr.

Bei den Inschriften handelt es sich um die Beschriftungen von Siegeln, mit denen Vorratsbehälter verschlossen wurden. Vorräte, die dem verstorbenen Herrscher für sein Leben im Jenseits mitgegeben wurden – vor allem Wein, Öl, Fett und Getreide –, wurden aufgelistet und ihre Herkunft bezeichnet. In diesen Beschriftungen treten auch die ältesten Zahlzeichen auf, die aus den Zivilisationen des «Fruchtbaren Halbmonds» – der Ackerbauregion im Nahen Osten und im Niltal – bekannt geworden sind (Dreyer 1998: 139f., 183).

Verwendet wurden verschiedene abstrakte Symbole, wobei nicht alle Zahlwerte mit Sicherheit identifiziert sind. Am häufigsten kommt der Strich vor, zumeist in Gruppen von Dreiern, Vierern und Fünfern. Es gibt kein eigenes Zehner-Zeichen; die 10 wird mit zwei parallelen Fünferreihen bezeichnet. Zusätzlich findet ein Zeichen in Form eines halben Kreisbogens Verwendung, das Zahlzeichen für 10 im späteren ägyptischen Zahlensystem. Bemerkenswert ist die Verwendung des Motivs der Spirale als Zahlzeichen. Sehr wahrscheinlich wurde damit der Zahlbegriff 100 ausgedrückt (wie auch in späterer Zeit). Wenn die elementaren Zahlzeichen in enger Verbindung mit anderen Zeichen auftreten, handelt es sich um Maßangaben; z.B.: «Die 100er Spirale mit senkrechtem Strich steht wahrscheinlich für Volumenangaben von Getreide» (Dreyer 1998: 140).

Zeichen für höhere Zehnerpotenzen sind auf den Siegeln von

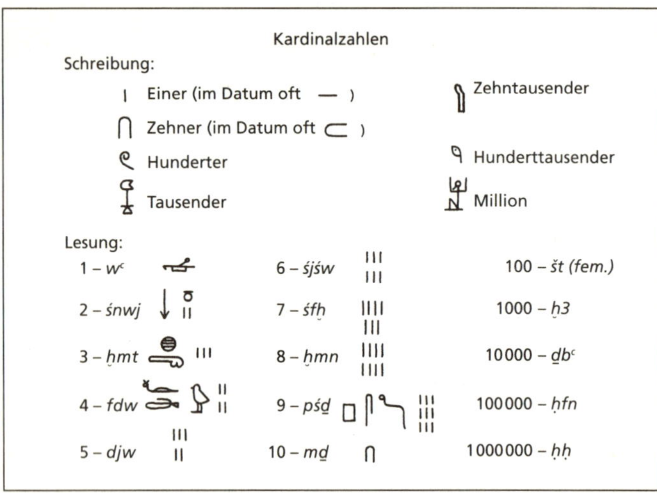

Abb. 12: Die Zahlenschreibung im Altägyptischen (nach Brunner 1967: 23)

Abydos nicht überliefert, so die Hieroglyphe für 1000 (eine aufgeblühte Lotosblume mit Stängel), für 10000 (ein erhobener, oben angewinkelter Finger), für 100000 (eine Kaulquappe mit hängendem Schwanz) und das Zeichen für 1 Million (eine knieende menschliche Gestalt mit erhobenen Armen) (Abb. 12).

Die Zahlwörter des Altägyptischen sind ein «konservativer Redeteil» (Loprieno 1995: 71) und lassen gut die Verwandtschaftsverhältnisse des Ägyptischen im Kreis der afroasiatischen Sprachfamilie erkennen. Der gleiche Konservativismus ist auch im Bezug auf die Zahlzeichen zu beobachten, die seit der vordynastischen Periode (s. o.) in ungebrochener Tradition über mehr als drei Jahrtausende verwendet wurden.

Sumerische Piktographie und Keilschrift

Hinweise darauf, dass in Mesopotamien schon früh gezählt und gerechnet wurde, gibt es bereits für das 8. Jt. v.Chr. Damals festigten sich die Routen der Handelswege, über die im Laufe der Jahrtausende immer mehr Waren und Kulturgüter in alle Richtungen gelangten. Den Gang der Entwicklung des Handelswesens in der Region kann man an der Ausbildung eines Systems zum Zählen, Berechnen und Inventarisieren von Gütern ablesen, das sich in sieben Stufen entfaltete (Schmandt-Besserat 1992: 195 ff.).

Am Anfang stand die Verwendung von kleinen Keramikfiguren (Symbolsteinen), die Waren abbildeten (z. B. Schafe oder Tonkrüge). Diese wurden in Tonbehältern *(bullae)* aufbewahrt; der Käufer brach sie auf, sodass er die Anzahl bzw. Menge der bestellten Waren kontrollieren konnte. Am Ende wurden für einzelne Warenkategorien Symbole verwendet, deren Konturen man in Ton drückte, der danach gebrannt wurde. Etliche dieser Symbole fanden ihren Weg in die altsumerische Piktographie (z. B. ein Kreissymbol mit einem Kreuz für ‹Schaf›; der Umriss eines Topfes für ‹Krug›)

Diese Symbole entwickelten sich über verschiedene Zwischenstufen zu den abstrakten Zahlzeichen, die in den frühen Tontafeln aus der Zeit zwischen 3150 und 3000 v. Chr. auftreten. Die Ursprünge der altsumerischen Zähltradition lassen sich auf die Basis 3 zurückführen (Diakonoff 1983: 85 ff.). Archaische Relikte der Dreier-Basis sind im Zahlwortsystem des Sumerischen erhalten. Abweichend vom allgemeinen System der Zahlwörter wurde zum Zählen von Tagen folgende spezielle Zahlenreihe verwendet:

be ‹1›, *be-be* ‹2›, *peš* ‹3›, *peš-be* ‹4›, *peš-be-be* ‹5›, *peš-peš* ‹6›, *peš-peš-be* ‹7› etc.

Das alte System der Warenbezeichnungen und Mengeneinheiten kam aber schon bald außer Gebrauch, nachdem die Tempelbürokratie in der sumerischen Stadt Uruk Schrifttechnologie zur Kontrolle der Abgaben und Vorräte eingesetzt hatte. Im Rahmen dieses neuen Verwaltungssystems wurde auch ein ausgeklügeltes System zur Zahlenschreibung ausgearbeitet, in das die alten Zahlzeichen integriert wurden. Genauer gesagt handelt es sich um einen ganzen Systemverbund von Zahlzeichen, die in verschiedenen Serien mit divergierenden Basiseinheiten geordnet waren. Zu diesem Systemverbund, dessen interne Struktur erst Ende der 1970er Jahre endgültig aufgeschlüsselt worden ist, gehören die folgenden Systeme.

Sexagesimalsystem oder System S (alternierende Basen 6 und 10). «Das Zahlzeichensystem, das wahrscheinlich den breitesten Anwendungsbereich besaß und vermutlich auch überhaupt am häufigsten verwendet wurde, ist durch eine sexagesimale Gliederung in der Größenabfolge der verwendeten Einheiten gekennzeichnet. Beim Übergang zu höheren Einheiten werden abwechselnd jeweils 10 bzw. 6 Einheiten

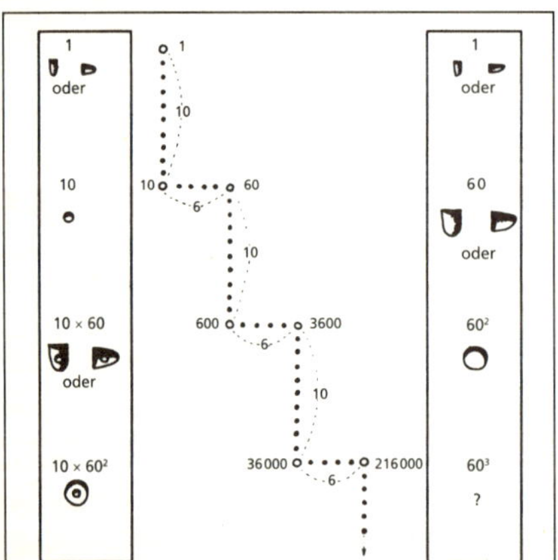

Abb. 13: Infrastruktur des sumerischen Sexagesimalsystems (nach Ifrah 1987: 211)

zur nächsthöheren Einheit zusammengefaßt» (Damerow/Englund 1987: 126). Das Sexagesimalsystem folgte also dem Zählprinzip: 10 – 60 – 600 – 3600 – 36 000. Die Komplexität dieses Systems erhöht sich dadurch, dass die alternierenden Basen 6 und 10 als komplementäre Divisoren der Basis 60 fungieren:

1
10
10 × 6 (= 60)
(10 × 6) × 10 (= 600 = 60 × 10)
(10 × 6 × 10) × 6 (= 3600 = 60^2)
(10 × 6 × 10 × 6) × 10 (= 36 000 = 60^2 × 10)

Jede Zähleinheit wird mit einem eigenen Zahlzeichen wiedergegeben. Die theoretisch hochzurechnende Zahleinheit 216 000 (60^3) ist inschriftlich nicht belegt. Die graphische Darstellung dieser komplexen Verhältnisse veranschaulicht die stufenförmige Infrastruktur des Sexagesimalsystems (Abb. 13):

Man benutzte dieses System zur Zählung von Tieren und Sklaven (z. B. Sklavinnen und/oder Kinder), von Geräten aus Holz und Stein, von Gefäßinhalten mit Molkereiprodukten. Die Lesung der Tontafeln mit Auflistungen und Texten der Tempelbürokratie ist angesichts der komplizierten Rechenweisen mühsam.

Bisexagesimalsystem oder System B (Basis 2 x 6). Dieses System folgte dem Zählprinzip: 10 – 60 – 120 – 1200 – 7200; es wurde zur Kennzeichnung von Maßeinheiten für Getreide verwendet.

ŠE-System (100-System). Lange Zeit nahm man an, dieses System (benannt nach dem sumer. Ausdruck für Getreide, *še*) gründe sich auf die Basis 10, sei also ein Dezimalsystem. Inzwischen gilt als gesichert, dass dies nicht der Fall ist. Das ŠE-System wurde zur Darstellung von Hohlmaßen für Getreide, insbesondere für Gerste, verwendet.

GAN$_2$-System oder System G. Dieses System (benannt nach dem sumer. Ausdruck *gan$_2$* ‹an einen Hauptkanal angrenzendes Feld›) diente dazu, Flächengrößen, vor allem Feldgrößen, darzustellen. Die Zahlennotation nach diesem System entspricht in ihrer arithmetischen Gliederung der Einteilung der in Altsumer üblichen Flächenmaße.

EN-System oder System E. Der Verwendungszweck der Zahlzeichen dieses Systems ist nicht eindeutig geklärt. Vielleicht handelt es sich um die Wiedergabe von Gewichtsmaßen.

Die Annahme ist berechtigt, dass sich die verschiedenartigen Zählweisen des sumerischen Systemverbunds aus den bescheidenen Anfängen des Rechenwesens der vorliterarischen Periode entwickelt haben, d. h. aus den Gruppierungen der Warensymbole auf den Tonbehältern, die als «Quittungen» im Fernhandel verwendet wurden.

Die Tontafeln der ältesten Fundschichten mit Schriftdokumenten lassen deutliche Unterschiede zwischen Zahlzeichen und Schriftzeichen erkennen. «Die Zahlzeichen der Archaischen Texte unterscheiden sich von den übrigen Schriftzeichen dieser Texte sowohl graphisch als auch hinsichtlich ihrer Platzierung in den ‹Fächern›, in die die Schrifttafeln unterteilt sind. Die Zahlzeichen wurden mit einem stumpfen Griffel in den Ton gedrückt, die Schriftzeichen dagegen mit einem angespitzten Griffel zunächst eingeritzt, später mit einem kantigen Griffelende eingedrückt. Die Zahlzeichen stehen in der Regel in einer bestimmten Anordnung am Beginn eines Eintrages, die Schriftzeichen dagegen scheinen ... regellos im verbleibenden Raum des Faches verteilt worden zu sein» (Damerow/Englund 1987: 117).

Um 2700 v. Chr. wurde die altsumerische Piktographie zugunsten einer schrifttechnischen Revolution aufgegeben, der Keilschrift. Von da an wurden alle Zeichen, Schriftzeichen wie Zahlzeichen, mit einem stumpfen Griffel produziert, der beim Eindrücken in weichen Ton keilförmige Spuren hinterließ. Die Tradition der alten Zahlzeichensysteme wurde in der Periode der Keilschrift beibehalten, wobei das Sexagesimalsystem am häufigsten zur Anwendung kam.

Der Kultureinfluss Sumers hat schon früh die benachbarten Regionen berührt. Der Export sumerischer Kulturgüter und

Ideen erreichte um die Mitte des 3. Jt. v. Chr. die Elamer im Tal von Susa, die Akkader im nördlichen Mesopotamien und die Bewohner von Ebla in Syrien mit ihrer Stadtkultur. Im 2. Jt. v. Chr. erstreckte sich die Einflusssphäre der mesopotamischen Kultur bis nach Anatolien zu den Hurritern und Hethitern, und sie strahlte auch nach Europa aus (s. u.).

Innovationen in Elam

In der Nachbarregion Mesopotamiens, im zentralen Zagros-Gebirge (Südwest-Iran), entfaltete sich in etwa zeitgleich mit den altsumerischen Stadtstaaten eine lokale Zivilisation, die in späteren Keilschrifttexten Elam genannt wird, nach der Sprache, die dort verbreitet war. Geographisch handelt es sich um die Talebene Susiana, wo um 4000 v. Chr. Susa gegründet wird, die spätere Hauptstadt des Reichs von Elam. Der elamische Fernhandel dehnte sich bis nach Anatolien hin aus, und offenbar bestand zwischen Sumer und Elam von Anbeginn ein reger Kulturaustausch. Sichtbares Zeichen dafür sind der Schriftgebrauch (der in Elam ungefähr zur gleichen Zeit einsetzt wie in Sumer) und die Ähnlichkeiten der verwendeten Zahlensysteme.

Die Elamer zählten und rechneten wie die Sumerer mit dem Sexagesimalsystem, dem Bisexagesimalsystem und dem SE-System, und zwar in identischer funktionaler Verteilung (s. o.). Zusätzlich dazu verwendete man in Elam das Dezimalsystem mit eigenen Zahlzeichen für 10, 100, 1000 und 10 000, und zwar zur Zählung von domestizierten Tieren und von Sklaven (Englund 1996: 162). Das Dezimalsystem und seine Zahlzeichen sind lokale elamische Innovationen, denn ein solches System existierte in Sumer nicht.

Zusätzlich waren ein weiteres Bisexagesimalsystem mit noch nicht näher bekannter Funktion sowie verschiedene Systeme für Hohl- und Flächenmaße in Gebrauch. Die frühe Dokumentation der in Elam gebräuchlichen Zahlensysteme stammt aus den Archiven von Susa und einigen anderen Orten der Susiana. Wie die Sumerer schrieben auch die Elamer auf Ton. In sämtlichen Schriftdokumenten treten Zahlzeichen auf, woraus zu schließen ist, dass diese Texte der Buchhaltung dienten (Harper et al.

1992: 52f.). Die proto-elamische Schrift ist eine bodenständige Schöpfung und steht nicht in Abhängigkeit zur alten sumerischen Schrift, möglicherweise weil Elamisch eine mit dem Sumerischen nicht verwandte Sprache ist. Später übernahmen die Elamer die perfektionierte sumerische Schrifttechnologie, die Keilschrift, die dann bis ins 1. Jt. v. Chr. die Schriftkultur Elams prägte (Haarmann 1992: 374ff.).

Fernwirkungen babylonischen Wissensgutes

Für uns moderne Europäer bleibt die Geschichte der Zivilisation Elams ohne direkten Bezug. Ganz anders verhält es sich mit der Kulturentwicklung der sumerischen Stadtstaaten. Wir haben zwar die Schrift nicht aus Mesopotamien übernommen – sondern über mehrere Umwege von den Phöniziern aus dem Nahen Osten –, aber etliche unserer Gewohnheiten, Zeit zu messen und Zeiträume zu berechnen, sind Ausdruck eines nachhaltigen Echos aus der weit zurückliegenden sumerischen Kultur.

Die sumerische Schrift – in Gestalt der reformierten Keilschrift – wurde um 2500 v. Chr. von den Akkadern zur Schreibung ihrer mit dem Sumerischen nicht verwandten Sprache adaptiert, und auch zahlreiche andere sumerische Kulturgüter wie das Rechenwesen, handwerkliche Fertigkeiten und Götterkulte wurden vom damals politisch aufstrebenden Akkad absorbiert, dem Zentrum des akkadischen Reiches.

Eine andere Stadt dieses Reichs, Babylon, verdrängte jedoch Akkad in dessen politischem und kulturellem Rang und verselbständigte sich als Machtzentrum. Entscheidend für die Weiterentwicklung des Rechenwesens war eben die Zeit der politischen Unabhängigkeit (seit dem 19. Jh. v. Chr.) des babylonischen Staates, wo die sumerischen Traditionen einen ungeahnten Aufschwung erlebten. Vor allem die Regierungszeit Hammurabis (1792–1750 v. Chr.), der wegen seines Gesetzeskodex bekannt geworden ist, war eine besonders kreative Epoche.

Die babylonischen Gelehrten entwickelten neue Wege im Umgang mit Zahlen, um den Bedürfnissen ihrer aufstrebenden Mathematik und Astronomie zu entsprechen. Sie bauten das am

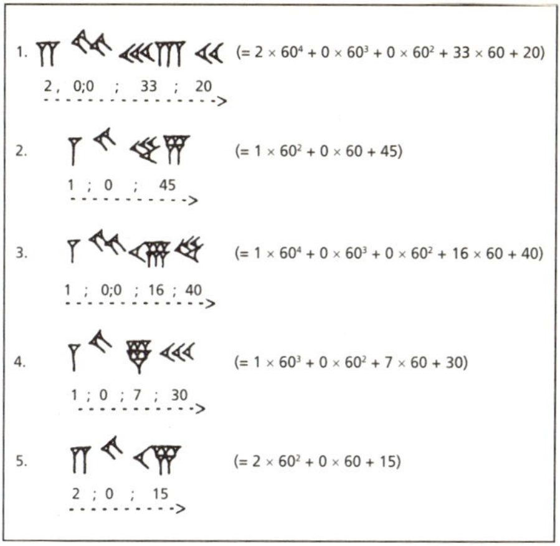

Abb. 14: Beispiele für die babylonische Zahlenschreibung mit dem Zeichen für 0, aus einem mathematischen Text des 2. Jt. v. Chr. (nach Ifrah 1987: 420)

stärksten verbreitete der sumerischen Zahlensysteme, das Sexagesimalsystem, weiter aus. Während die Zahlenschreibung bis 59 dem additiven Prinzip folgt, wird für den Begriff 60 ein einziges neues Zahlzeichen eingeführt, ein senkrechter Keil, der äußerlich einem Nagel ähnelt (Ifrah 1987: 413). Damit wird die frühere Schreibung des Zahlwerts 60 (mit Hilfe von sechs Winkelzeichen für die Zehnereinheiten) merklich vereinfacht. Die Zahlen über 60 werden entsprechend nach dem Positionsprinzip geschrieben. Die Vorteile dieses Stellenwertsystems drücken sich deutlich in der Schreibung höherer Zahlbegriffe aus. «Das sexagesimale Positionssystem war außerordentlich leistungsfähig und allen späteren Zahlensystemen der Antike überlegen. Daher wurde es u. a. von den griechisch-hellenistischen Mathematikern dort verwendet, wo viele und ausgiebige Rechnungen durchgeführt werden mussten, insbesondere in der Astronomie» (Wußing 2008: 130).

Zu den Vorteilen der von den Babyloniern eingeführten Innovationen gehört auch die Schreibung des Null-Begriffs, ein schräg gestellter Doppelkeil (Abb. 14).

Auf verschlungenen Wegen haben babylonische Einflüsse mit Langzeitwirkung auf die Kulturtraditionen Europas gewirkt. Etliche unserer Maßeinheiten zur Messung der Zeit u. ä. leiten sich vom babylonischen Positionssystem ab:

- Sexagesimale Zeitmaße: Die Sexagesimal-Zählung strukturiert die Einteilung des Tagesrhythmus in kleinere Zeiteinheiten: Tag + Nacht (24 = 4 × 6 bzw. 2 × 12 Stunden),

1 Stunde (60 = 6 × 10 Minuten), 1 Minute (60 = 6 × 10 Sekunden).
- Sexagesimale Bogen- und Winkelmaße: z. B. Gradeinteilung (360° = 6 × 60 Gradeinheiten)

Die sumerisch-akkadisch-babylonische Kultursymbiose wäre isoliert geblieben, wenn da nicht ein Faktor ins Spiel gekommen wäre, der die historische Verbindung mit der hellenistischen Welt und damit mit dem kulturellen Gedächtnis von uns Europäern geschaffen hätte. Dies hat mit den politischen Umwälzungen im Nahen Osten zu tun, die um die Mitte des 1. Jt. v. Chr. stattfanden.

Das Kräfteverhältnis der damaligen Großmächte, Ägypten im Süden, Assyrien im Norden und Babylon im Osten, war jahrhundertelang instabil. Der noch zu Zeiten Salomos einheitliche Staat Israel, zersplittert in ein Nordreich (mit der Hauptstadt Samaria) und ein Südreich (mit Jerusalem als politischem und kulturellem Zentrum), war nicht mächtig genug, einen eigenen Rang unter den Großmächten zu erlangen. Er wurde zum Spielball der mächtigen Nachbarn und verlor schließlich seine staatliche Unabhängigkeit. Gerade dadurch aber wurde es möglich, dass jüdische Gelehrsamkeit die Mittlerrolle für mesopotamische Kulturtraditionen in die hellenistische Welt und damit nach Europa übernahm. Der Schlüssel für die Intensivierung des Kulturaustausches im Nahen Osten war die Deportation und zwangsweise Umsiedlung von Juden aus Israel in die Kulturzentren ihrer mächtigen Nachbarn.

Die Assyrer unter Sargon II. eroberten 722 v. Chr. das Nordreich; Samaria wurde assyrische Provinz. Schon damals wurden viele Juden in die von Assyrien beherrschten Regionen deportiert. Folgenschwerer waren jedoch die nachfolgenden Deportationen durch die Babylonier, zu einer Zeit, als sich die Macht Assyriens bereits merklich abgeschwächt hatte. Im Jahre 598 v. Chr. übergab Jojachin, König des Südstaates Juda, Jerusalem den Babyloniern. Der mächtige Herrscher Babylons, Nebukadnezzar II., veranlasste die Deportation der jüdischen Oberschicht in seine Hauptstadt. Gut zehn Jahre später vernichtete er in einer Strafexpedition den ganzen Vasallenstaat Juda und zerstörte 587 v. Chr. Jerusalem. Alle die Judäer, die noch politisch oder kulturell Einfluss genommen hatten, wurden in einer dritten Deportationswelle exiliert.

Die Zeit im babylonischen Exil wird im Hebräischen *galut* ‹Exil, Gefangenschaft› genannt (2. Könige 25, 27; Jeremia 29, 22). Sie ist in der jüdischen Geschichtstradition zum Stereotyp für die Heimatlosigkeit des ganzen Volkes verklärt worden. Tatsächlich aber lässt die biblische Überlieferung keinen Zweifel daran, dass zwar die aristokratische und religiöse Führungsschicht, die Handwerker und die städtische Restbevölkerung Jerusalems nach Babylon exiliert wurden, nicht aber das gesamte Volk.

Es ist nicht zutreffend, von einer «Knechtschaft» der Juden in Babylon zu sprechen. In ihrem Exil hatten jüdische Intellektuelle die Möglichkeit zu sozialem Aufstieg (z. B. in privilegierte Ämter der babylonischen Verwaltungsbürokratie), und sie hatten Zugang zu den Kreisen babylonischer Gelehrter mit ihren alten, bis in die sumerischen Ursprünge zurückreichenden Wissenstraditionen. Nach dem Tod Nebukadnezzars II. im Jahre 562 v. Chr. verfiel die politische Macht Babylons, 539 v. Chr. wurde es von Kyros II., dem Begründer des persischen Achämenidenreichs, erobert. Kyros garantierte allen Bewohnern seines Reiches Religionsfreiheit und hob den von Nebukadnezzar verfügten *galut* auf.

Die Juden kehrten aus dem Exil nach Juda zurück, und damit wurde auch die jüdische Gelehrsamkeit dorthin zurücktransferiert – aber als ein bikulturelles jüdisch-babylonisches Fusionsprodukt. Das solchermaßen geprägte Wissensgut ist in die heiligen Schriften der Juden eingegangen (Thora, Talmud, Midrasch). Davon ist später die hellenistische Geisteswelt berührt worden, und deren Rezeption öffnet den Weg für babylonisches Gedankengut nach Westen.

Bis ins 4. Jh. v. Chr. erstreckte sich die griechische Präsenz auch über die ionische Küste der Ägäis, über die Kolonien der Magna Graecia in Süditalien und über die zahlreichen Städtegründungen rund um das Mittelmeer. Mit den Eroberungen Alexanders des Großen (356–323 v. Chr.) veränderte sich das griechische Weltbild. Die Nachfolgereiche der Seleukiden in Kleinasien, der gräko-baktrischen Herrscher in Zentralasien und der Ptolemäer in Ägypten festigten die Grundlagen einer hellenistischen Kultursymbiose mit zahlreichen Lokalkulturen. Der Austausch mit der jüdischen Kultur war besonders fruchtbar.

Wir Europäer verdanken mit unserer Zeitrechnung und -messung vielerlei Informationen dem griechisch-jüdischen Kulturaustausch im Zeitalter des Hellenismus. Der griechische wie der jüdische Kulturkreis sind Mosaikkulturen, in denen einheimische und adaptierte Elemente symbiotisch miteinander verbunden sind. Auf jüdischer Seite war es das Tor nach Mesopotamien, das für die Griechen aufgestoßen wurde. Die biblische Geschichte, insbesondere die Erzählungen und Berichte des Alten Testaments, haben die Kunde von den alten Kulturen Mesopotamiens und ihren Errungenschaften in alle Welt verbreitet. Die Bibel vermittelt auch ein eindrucksvolles Bild von der enormen Ausstrahlung Sumers, Akkads und Babylons auf die Nachbarkulturen.

Dank dieser jüdischen Vermittlung setzen verschiedene kulturelle Einrichtungen unserer modernen Welt mesopotamische Traditionen fort. Zusätzlich zu den sexagesimalen Zeitmaßen (s. o.) ist hier die Sieben-Tage-Woche zu nennen.

7. Hebräische Zahlenschreibung und Zahlenmystik

Schrift- und Zahlenmystik sind in vielen Kulturen der Welt entstanden. Aber nirgendwo ist diese Mystik – über einen Zeitraum von mehr als einem Jahrtausend – zu einer solchen Perfektion und Vielschichtigkeit ausgereift wie im jüdischen Kulturmilieu. Diese Ideenwelt ist aufs Engste mit den Symbolwerten hebräischer Buchstaben verknüpft.

Die Schreibung des Hebräischen mit einem eigenen System linearer Zeichen geht auf das 9. Jh. v. Chr. zurück. Dieses sog.

althebräische Alphabet ist eine direkte Ableitung von der phönizischen Schrift. Im Verlauf des 6. Jh. v. Chr. macht sich zunehmender aramäischer Einfluss auf die hebräische Sprachkultur bemerkbar. Um die Mitte des 5. Jh. v. Chr. vollzieht sich der Schriftwechsel von der althebräischen zur aramäischen Variante. Die aramäische Schrift verändert sich entsprechend den jüdischen Schreibgewohnheiten, und es bildet sich die markante hebräische Quadratschrift heraus, benannt nach der überwiegend quadratischen Form ihrer Buchstaben (Haarmann 1992: 307 ff.).

Das System der Zahlbuchstaben

Eine weitere Besonderheit der hebräischen Schrift ist die Doppelfunktion der 22 Buchstaben. Jeder einzelne Buchstabe hat sowohl einen Lautwert als auch einen Zahlwert. Dies ist eine Eigenheit nicht nur der hebräischen Schrift, sondern auch anderer semitischer Schriftvarianten, so der phönizischen (s. Kap. 8) und der aramäischen (s. Kap. 9), später auch der griechischen und davon abgeleiteter Schriftarten (s. Kap. 8). In der hebräischen Schriftkultur ist das Prinzip der Doppelwertigkeit allerdings am weitesten entwickelt.

Die eine wie die andere Funktion der Buchstaben ist jeweils kontextgebunden. Sollen Buchstaben als Zahlen gelesen werden, so werden sie im Text gekennzeichnet: Zahlbuchstaben werden entweder über die Linie der Schriftzeile gesetzt (d. h. leicht erhöht platziert) oder mit einem kleinen Haken hinter dem Zahlbuchstaben markiert. Da mit den hebräischen Buchstaben – wie allgemein mit den Zeichen semitischer Schriftarten – lediglich Konsonanten, nicht aber Vokale bezeichnet werden, ist die Gesamtzahl der Buchstaben auf 22 reduziert. Dies macht die Zahlenschreibung mit Zahlbuchstaben recht kompliziert (Abb. 15).

Den ersten neun Buchstaben (d. h. von *Alef* bis *Tet*) werden die Zahlwerte von 1 bis 9 zugeordnet. Mit dem Buchstaben *Jod*, der den Wert 10 besitzt, beginnt die Zehnerreihe, die mit dem Buchstaben *Zade* (= 90) ausläuft. Die übrigen Buchstaben bezeichnen Hunderter. Da das Zeicheninventar aber so begrenzt ist, reichen die Zahlwerte für Hunderter nur bis 400

Hebräische Buchstaben	Namen und Umschrift der Buchstaben		Zahlwerte
א	ALEF	ʼ	1
ב	BET	b	2
ג	GIMEL	g	3
ד	DALET	d	4
ה	HE	h	5
ו	WAW	v	6
ז	SAJIN	z	7
ח	CHET	ch	8
ט	TET	ṭ	9
י	JOD	y	10
כ	KAF	k	20
ל	LAMED	l	30
מ	MEM	m	40
נ	NUN	n	50
ס	SAMECH	s	60
ע	AJIN	ʽ	70
פ	PE	p	80
צ	ZADE	s	90
ק	KOF	k	100
ר	RESCH	r	200
ש	SCHIN	sch	300
ת	TAW	t	400

Abb. 15: Das hebräische Alphabet mit Zahlwerten für die Buchstaben (nach Ifrah 1987: 279)

(= Buchstabe *Taw*). Höhere Werte für Hunderter werden durch Kombinationen zweier oder mehrerer Einzelzeichen ausgedrückt. Die Kombination für 500 ist das Zeichen für 400 + das Zeichen für 100. Ab 900 werden drei Zahlzeichen benötigt, also 900 = 400 +400+100.

Somit war die Schreibung von Tausendern ursprünglich recht umständlich. Im Verlauf des Mittelalters wurde sie erleichtert, indem Zehnerzeichen mit Punkten als Zusatzmarkierungen versehen wurden, sodass Hunderter- und Tausenderwerte entstanden. Beispielsweise erhielt der Buchstabe *He* mit dem Zahlwert 5 den Wert 500 durch den Zusatz eines Punktes und den Wert 5000 mittels zweier Punkte.

Die Schriftrichtung der hebräischen Quadratschrift – wie aller semitischen Alphabete – verläuft von rechts nach links. Auch die Zahlenschreibung ist auf diese Richtung festgelegt. Die höchsten Zahlwerte stehen auf der ganz rechten Position, die nachfolgenden Positionen sind von jeweils niedrigeren Zahlwerten besetzt.

Bei der Schreibung von Jahreszahlen kommt die besondere jüdische Zeitrechnung ins Spiel. Nach der sakralen Chronologie der jüdischen Tradition wurde die Welt – umgerechnet in unsere Zeitrechnung – im Jahre 3761 v. Chr. erschaffen. Die Wiedergabe einer Datumsangabe nach dem euro-amerikanischen

Kalender erfordert also einerseits die Umrechnung in ein anderes System der Zeitmessung und außerdem die Übertragung von Zahlzeichen in das System der hebräischen Zahlbuchstaben. Im religiösen Schrifttum wird das Jahr 1978 (= 5739 des jüdischen Kalenders) mit Buchstaben in folgender Weise (nach Ifrah 1987: 282) geschrieben: 5000 (*He* mit zwei Punkten) + 400 *(Taw)* + 300 *(Schin)* + 30 *(Lamed)* + 9 *(Tet)*:

ה̈תשל״ט

9 30 300 400 5000

Dagegen werden in den modernen Medien die arabischen Zahlzeichen verwendet.

Zahlenmystik: Jenseits des sprachlich Ausdrückbaren

Vorstellungen von der Zahl als magischer Kraftquelle waren schon im jüdisch-babylonischen Kulturmilieu lebendig. Der Einfluss der griechischen Philosophie tat das Seine, zahlenmagische Konzepte bei den Vertretern des jüdischen Geisteslebens zu vertiefen und für die Mystik zu aktivieren. Das im 4. Jh. v. Chr. an der Mittelmeerküste Ägyptens gegründete Alexandreia wurde schon bald zur Drehscheibe ost-westlichen Ideentransfers, «ein Foyer hellenisch-jüdischer und zwei Jahrhunderte nach der ‹Zeitenwende› eines hellenisch-christlicher Gelehrsamkeit» (Holenstein 2004: 88).

Für die jüdische Zahlenmystik relevante Begriffsinhalte sind in erster Linie im Ideengut der Pythagoräer, Gnostiker und Neuplatoniker zu suchen. Pythagoras (gest. um 500 v. Chr.) werden die Sätze zugeschrieben: «Alle Dinge sind Zahlen» und «Die Elemente der Zahlen sind die Elemente aller Dinge». Diejenigen, die die Lehren des Pythagoras fortsetzten, die Pythagoräer, verfeinerten die Zahlensymbolik des Meisters und konzentrierten sich insbesondere auf Primzahlen, also auf solche Zahlen, die nur durch 1 und durch sich selbst teilbar sind (Jouven 1982: 109 ff.).

Platon stellte ebenfalls die Zahl über alles andere: «Die erste und wichtigste Wissenschaft ist die der Zahl als solcher, wobei das gewöhnliche Rechnen ausgeschlossen ist» (Epinomis, 990c, d).

Im Ideengut der Gnostiker und Neuplatoniker wird die Zahl noch stärker mystifiziert. So hat Plotin (gest. 270 n. Chr.) gelehrt, dass die Zahlen vor den Objekten existieren, die durch sie geformt werden. In der Konsequenz besagt dies, dass die Zahlen vor der Erschaffung der Welt existiert haben müssen, und dass Zahlen der Stoff sind, aus dem Materie entsteht.

Hier kommt ein weiterer Gedanke ins Spiel, der das Verhältnis zwischen dem Materiellen und dem Übersinnlichen betrifft. Wenn die Zahlen die Dinge beeinflussen, dann sind die Zahlen die Mittler zwischen der Welt der irdischen Dinge und dem Übersinnlichen (als Erscheinung der schöpferischen Kraft). Wenn man Operationen mit Zahlen ausführt, kann man dadurch die Dinge bewegen und verändern. Speziell mit Bezug auf die Göttlichkeit, mit der alles in der Welt beseelt ist, stehen Zahlen auch im Dienst des göttlichen Schöpfergeistes, der die Weltordnung bestimmt.

Die Anfänge des speziellen jüdischen Mystizismus gehen auf das 2. Jh. n. Chr. zurück, seine sublime Ausprägung hat er aber erst relativ spät, im ausgehenden 12. Jh. erfahren. In den Kulturzentren der jüdischen Diaspora in der Provence und in Katalonien (insbesondere in Gerona) entstanden kabbalistische Schulen, und wenig später auch eine im Rheinland (Worms und Speyer). Das frühe kabbalistische Gedankengut findet man in zwei Hauptquellen aus dem späten 12. und frühen 13. Jh., dem «Sefer Bahir» und dem «Sefer Yetsirah» mit Auslegungen des Rabbi Isaac des Blinden aus der Provence.

Das Hauptwerk des jüdischen Mystizismus, das durch die Jahrhunderte den größten Einfluss ausübte, ist der «Zohar» (‹Buch des Glanzes›). Dieses Werk setzt sich aus verschiedenen Textteilen zusammen, die in einer durch einen ekstatischen Stil geprägten Variante des Aramäischen verfasst sind. Als Hauptautor gilt Rabbi Moses de León. Der Zohar entstand im ausgehenden 13. Jh. in Spanien (Kastilien) und gehörte neben der Bibel und dem Talmud zu den heiligsten Büchern des Judentums.

«Der Kern des jüdischen Mystizismus ist ein Repertoire von Symbolen, die in ihrer am weitesten entwickelten Form in der Kabbalah [hebräisch für ‹Tradition›] zu finden sind. Mystiker, sozusagen per Definition, behaupten, dass die Wahrheit nicht in Worten ausgedrückt werden kann, denn Worte bezeichnen nur, was die menschlichen Sinne oder der Intellekt erfahren können.

Wenn die Wahrheit jenseits der sinnlichen oder logischen Wahrnehmung der Menschen liegt, dann kann sie nicht durch Sprache ausgedrückt werden. Doch ist die Bibel in Worten geschrieben, und da diese Worte göttlich inspiriert sind, müssen diese Worte die göttliche Wahrheit enthalten» (Wigoder 1989: 512)

Das Verständnis der vom Göttlichen beseelten Welt ist also nur in begrenztem Umfang über das Medium der Sprache möglich. Die Texte der heiligen Schriften enthalten mehr als die Summe der Bedeutung ihrer Wörter. Und die in kryptischer Form enthaltene Wahrheit kann nur mit speziellen Interpretationsmethoden erschlossen werden.

Damit sind wir wieder bei dem Medium angelangt, das diese verborgene Wahrheit der Bibel transportiert: die hebräische Schrift. Wenn man die oben beschriebene funktionale Differenzierung zwischen Buchstaben als Schriftzeichen und Buchstaben als Zahlzeichen außer Acht lässt, kann man die Buchstabenfolge in Wörtern und damit auch ganze Texte in Zahlwerte umsetzen. Dies haben jüdische Gelehrte mit dem heiligsten aller Texte gemacht, mit dem Alten Testament. Auf diese Weise entstand das Lehrgebäude einer sakralen Numerologie, die an der hebräischen Schrift orientierte Zahlenmystik.

Angelpunkt für jedwede numerale Mystifizierung ist der Gottesname Jahwe. In der jüdischen Glaubenstradition ist dieser Name, sowohl in gesprochener als auch in geschriebener Form, absolut heilig und entzieht sich somit als Tabu der Berührung durch gläubige Juden ebenso wie Nichtjuden. Von den zahlreichen Ersatznamen zur Anrufung Gottes ist das ehrerbietige *Adonaj* ‹Herr› der geläufigste. Die Heiligkeit des Namens drückte sich noch bis um die Zeitenwende darin aus, dass die Buchstabenfolge *Jahwe* in Bibeltexten in althebräischer Schrift geschrieben wurde, die sich von den Zeichen der Quadratschrift deutlich unterscheidet. Dadurch hob sich der Gottesname in jedem Kontext markant vom umgebenden Text ab.

Umgesetzt in Zahlwerte ergibt sich für die Buchstabenfolge von *Jahwe* (transliteriert *Yahweh*) die folgende Ordnung: *JHVH* = 10 *(Jod)* + 5 *(He)* + 6 *(Waw)* + 5 *(He)*:
Die Summe aus den Zahlbuchstaben ist die Zahl

יהוה
5 6 5 10

26, die in ihrer Heiligkeit von den Rabbinern in vielerlei biblischen Kontexten aufgespürt worden ist, etwa:

- 26 ist die Summe zweier religiöser Kernbegriffe, und zwar von *Ahavah* ‹Liebe› (mit der Zahlenfolge 1 + 5 + 2 + 5 = 13) und von *Echad* ‹Eins› (mit der Zahlenfolge 1 + 8 + 4 = 13);
- 26 hebt sich als Hinweis auf die Erschaffung der Menschen ab. Im 1. Buch Mose, 1. Kap., Vers 26 heißt es: «Lasset uns Menschen machen, ein Bild, das uns gleich sei»;
- 26 ist die Differenz der Zahlwerte der beiden ersten Menschen: 45 (für Adam) – 19 (für Eva) = 26;
- 26 Generationen trennen Moses von Adam;
- 26 Nachkommen werden in der Genealogie des Sem erwähnt.

Die Tabuisierung des Gottesnamens hatte weitreichende Konsequenzen, u. a. bedingte sie eine Vermeidung der mit der Buchstabenfolge korrelierenden Zahlenfolge. Entsprechend den Regeln der Schreibung der Zahlen von 10 bis 20 würde 15 als Kombination der Buchstaben *Jod* (10) + *He* (5) geschrieben. Diese Zweiergruppe erinnert aber zu deutlich an die Anfangssilbe des Gottesnamens und wird tabuisiert. Stattdessen wird der Zahlwert 15 durch die Kombination der Buchstaben *Tet* (9) und *Waw* (6) wiedergegeben.

Die kabbalistische Weltordnung

Für die Mystiker der Kabbalah hat die Wahrheitsfindung mittels der Zahlenmystik einen besonderen Stellenwert, und die numerologische Mystifizierung kosmischer Realitäten findet in der Zeichenambivalenz der hebräischen Buchstaben eine feste Verankerung. Auf dieser Basis verfolgten die Kabbalisten ihr Ziel, die Ordnung der Welt als Kräftespiel heiliger Zahlen und numerischer Codes verständlich zu machen.

Bestimmten Zahlen wird Priorität in diesem Kräftespiel eingeräumt. Dies gilt insbesondere für die 10. Sie wird zur mystischen Basiseinheit der kabbalistischen Symbolwerte. Die Symbolik der 10 war vorgegeben im biblischen Kontext. Gott hat die Welt in zehnfacher Rede geschaffen, denn zehnmal heißt es: «Und Gott sprach ...» 10 ist die Zahl der Gebote, und es gibt noch weitere Assoziationen mit der 10.

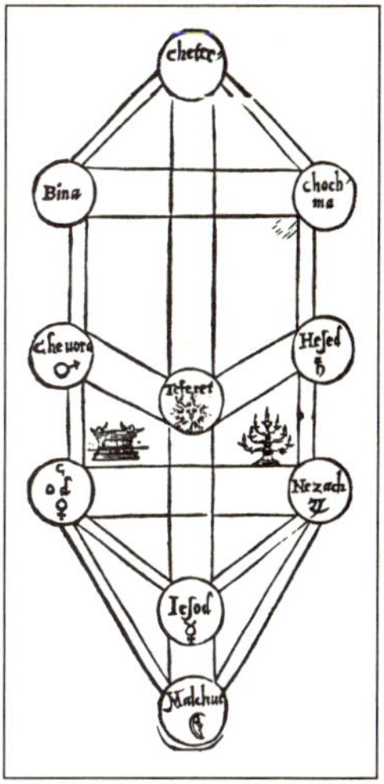

Abb. 16: Kabbalistischer Lebensbaum (sefirotischer Baum); Abbildung aus «De divinis attributis, quae Sephirot ab Hebraeis nuncupantur» (von Cesare Evola; Venedig 1589)

Nach kabbalistischer Lehre besteht die Weltordnung in einer Einteilung des Kosmos in 10 Lichtkreise (hebr. *sefirot(h)*, Pluralform zu *sefira* ‹Ziffer›; Abb. 16).

Die Lichtkreise sind aufzufassen als Schwerpunkte göttlicher Präsenz, die zwar nach ihren Funktionen selbständige Einheiten darstellen, dabei aber nicht isoliert voneinander wirken. Vielmehr stehen die *sefirot* in Wechselbeziehungen zueinander und interagieren miteinander in einer Weise, dass sich eine hierarchische Ordnung aufbaut. In dieser Ordnung ist eine baumartige Struktur zu erkennen, der kabbalistische Lebensbaum (auch: der sefirotische Baum). Die Zahl der Querverbindungen zwischen den *sefirot* ist nicht zufällig 22. Ebenso viele Buchstaben umfasst das hebräische Alphabet.

Die einzelnen Lichtkreise sind bestimmten Oberbegriffen zugeordnet. Die gemeinsame Basis aller kosmischen Grundkräfte liegt im Malkuth (‹Königreich›).

Kategorien oder Bereiche	*Lichtkreise*
Beriah (Ideenwelt)	Kether ‹Krone›
	Chochmah ‹Weisheit›
	Binah ‹Vernunft›
Jezirah (Bereich des Seelischen)	Chosed ‹Gnade›
	Geburah ‹Stärke›
	Tipheret ‹Schönheit›
Assija (Bereich des Materiellen)	Nezah ‹Festigkeit›
	Hod ‹Klarheit›
	Jesod ‹Fundament›

Die zehn Lichtkreise werden als Emanationen des Göttlichen gedeutet, wobei Kether die höchste göttliche Gewalt und Leitform ist, während Malkuth – auch begrifflich als Shekhinah (‹Präsenz; immanente Anwesenheit›) aufgefasst – das in der Welt existierende weibliche Prinzip repräsentiert. Malkuth beinhaltet Elemente aller anderen *sefirot* und ist die allmächtige Kontrollinstanz der materiellen Welt.

Zahlenmystische Überlegungen der Kabbalah erstrecken sich sogar auf die Beschaffenheit und den Ursprung der Materie selbst, aus der die Welt besteht. Selbst der Schöpfungstermin wurde in einer zahlenmystischen Operation auf den Beginn des hebräischen Kalenderjahres (zur Tag-und-Nacht-Gleiche am 23. September) festgelegt (Ifrah 1987: 336), und zwar wegen der Gleichheit der Summen für die Zahlwerte der folgenden hebräischen Wortformeln:

Bereschit bara ‹am Anfang schuf (Gott)› (Erste Worte der Thora, der Fünf Bücher Mose)
und
Beresch haschanah nibra ‹er schuf zu Jahresbeginn›

Addiert man die Zahlwerte der hebräischen Buchstaben, so ergibt sich für jede der beiden Formeln eine Gesamtsumme von 1116.

Seit dem 16. Jh. wurden die Ideen der Kabbalah auch von einzelnen christlichen Denkern rezipiert und transformiert – argwöhnisch beobachtet von der katholischen Amtskirche. Im Fall einer offenen Hinwendung zum jüdischen Geistesleben konnte dies sogar die Exkommunikation aus der Kirche oder noch schwerwiegendere Konsequenzen haben.

Der Dichter und Philosoph Giordano Bruno (1548–1600) entwickelte, inspiriert von der kabbalistischen *Sefirot*-Ordnung der Dimensionen der Welt, seine eigenen Ideen von der Vielheit der Weltsysteme (León-Jones 1997: 17ff.). Für das Abweichen von der christlichen Lehre mit der Erde als Mittelpunkt der Welt wurde er von der Inquisition zum Tode auf dem Scheiterhaufen verurteilt.

Erst im 17. Jh. konnten sich Vertreter der Frühaufklärung freier mit jüdischen Reflektionen über die Natur und die Weltordnung vertraut machen. Die Auseinandersetzung mit dem rationalistischen Gedankengut des Freigeistes Baruch Spinoza

(1632–1677) wurde zum Prüfstein für die Darlegung des eigenen Standortes (Wigoder 1989: 669). Einen Anstoß dazu gab Johann Georg Wachter (1673–1757), der sich vom radikalen Gegner Spinozas – und im Weiteren der Kabbalah – zum Anhänger und Apologeten wandelte. Auch der Mathematiker Gottfried Wilhelm von Leibniz (1646–1716) interessierte sich für die Kabbalah, so wie eine Reihe anderer Geistlicher und Intellektueller seiner Zeit auch (Schröder 1987: 61 f.).

Goethe war ganz sicher mit Leibniz' Schriften vertraut, manchen Forschern gilt er gar als praktizierender Kabbalist. Er siedelt in seinem «Faust» (Teil I 1808, Teil II 1832) den literarischen Diskurs zwischen den extremen Standorten der «Eingeweihten» und der «Uneingeweihten» an. In der Hexenküche mokiert sich der uneingeweihte Faust über das «tolle Zeug, die rasenden Geberden» der Alten, die «im Fieber» spricht, als sie aus ihrem Zauberbuch das Hexeneinmaleins rezitiert:

Du musst verstehn!
Aus Eins mach Zehn,
Und Zwei laß gehn,
Und Drei mach gleich,
So bist Du reich.
Verlier die Vier!
Aus Fünf und Sechs,
So sagt die Hex,
Mach Sieben und Acht,
So ist's vollbracht!
Und Neun ist Eins,
Und Zehn ist keins.
Das ist das Hexen-Einmal-Eins!

8. Die europäische Antike

Griechisch-etruskisch-römische Gemeinsamkeiten

Seit Jahrhunderten hat sich in der kulturhistorischen Retrospektive ein stereotypes Bild der europäischen Antike geformt, in dem die Konturen zweier Zivilisationen hervortreten, der älteren griechischen und der jüngeren römischen. Wer das Kulturschaffen und die geistigen Strömungen dieser beiden symbiotisch miteinander verflochtenen Welten verstehen will, der kann sich nicht auf die Analyse dessen beschränken, was aus traditioneller Sicht als griechisch und was als römisch gilt. Bei näherem Hinsehen stößt der moderne Betrachter auf Widersprüchlichkeiten und Gegensätze in der Architektur dieser beiden antiken Zivilisationen, die sich scheinbar einer Deutung entziehen. Klarer werden die Konturen erst dann, wenn auch diejenige Zivilisation in die Betrachtung einbezogen wird, die bis heute im Schatten der kanonischen Antikenforschung steht, nämlich die etruskische (Haarmann 1995: 150ff.).

Die Römer der klassischen Ära bewunderten die zivilisatorischen Errungenschaften der Etrusker und besonders ihre Schriftkultur. Dies geht aus den verstreuten Hinweisen in den Werken römischer Autoren hervor. Nicht zufällig schickten die römischen Patrizier ihre Kinder zu den Nachbarn auf der anderen Seite des Tiber, weil sie deren Erziehung hoch schätzten. Später verflüchtigte sich die Wertschätzung der Römer für die Etrusker. Wer will sich schon an seine Lehrmeister erinnern, wenn er sie übertreffen will. Und darum bemühten sich die Römer nach Kräften. Das Kulturerbe der Etrusker verblasste allmählich im kollektiven Gedächtnis der Römer. Die Marginalisierung der Leistungen früherer Kulturen oder die Tabuisierung rivalisierender Kulturen durch die Vertreter des dominanten «Mainstream» sind wohlbekannte Erscheinungen in der Geschichte.

Dessen ungeachtet waren es die Etrusker, die den Römern zahlreiche Handelswaren und Kulturgüter der Griechen vermittelten, darunter die Alphabetschrift. Sie tradierten auch ein noch älteres Erbe, das in den vorgriechischen Kulturen der ägäischen Inselwelt wurzelt. An Hand der Entwicklung und Verbreitung der Zahlenschreibung in der griechisch-etruskisch-römischen Antike kann man die Dynamik älterer und jüngerer Kulturkontakte illustrieren.

Die europäische Antike hat zwei Modelle der Zahlenschreibung hervorgebracht: zum einen das Prinzip der Zahlbuchstaben, zum anderen die Parallelverwendung zweier unabhängiger

Notationssysteme, eines für die Schreibung von Sprache und ein anderes für die Wiedergabe von Zahlen. Die Griechen verwendeten Zahlbuchstaben, und sie begründeten damit eine Tradition, denen andere Völker in der Spätantike und im Mittelalter folgten. Etrusker und Römer verwendeten dagegen ein von der Schrift unabhängiges System von Zahlzeichen. Auch diese Tradition setzte sich fort, und zwar im westlichen Europa. Warum die Römer Zahlen nicht wie die Griechen schrieben und warum die Etrusker zwar die Schrift, aber nicht die Zahlenschreibung von ihren griechischen Zeitgenossen übernahmen, soll hier näher beleuchtet werden.

Phönizisch-griechische Traditionen

Griechische Sprache und Kultur haben in ihrer mehr als dreitausendjährigen Geschichte einen dreifachen Wandel erlebt, und zwar sowohl hinsichtlich des Schriftsystems als auch bezüglich der Konventionen, Zahlen zu schreiben (Haarmann 1995: 123 ff.). Die Schriftvarianten waren:

- Linear B, das zur Schreibung des Mykenisch-Griechischen zwischen dem 17. und 12. Jh. v. Chr. verwendet wurde;
- Kyprisch-Syllabisch, mit dem Griechisch auf Zypern zwischen dem 11. und 3. Jh. v. Chr. geschrieben wurde;
- Alphabetschrift, mit dem Griechisch seit dem 8. Jh. v. Chr. geschrieben wird.

Ebenso vielfältig ist die Zahlenschreibung:

- Selbständiges System von Zahlzeichen, das parallel zur Schrift (Linear B) von den mykenischen Schreibern verwendet wurde;
- Verwendung von Zahlbuchstaben; diese Tradition verbreitet sich mit der Schriftlichkeit nach dem alphabetischen Prinzip;
- System der arabischen Zahlen (parallel zur Alphabetschrift), verwendet seit dem Mittelalter.

Die Zahlenschreibung der mykenischen Periode geht auf ältere ägäische Traditionen zurück, nämlich auf die minoisch-kretische Schriftkultur (mit Linear A und einem Zahlzeichensystem). Einser wurden durch senkrechte Striche, Zehner durch waagerechte Striche, Hunderter durch Kringelzeichen und Tausender durch Kreiszeichen mit angesetzten Zusatzstrichen in vier Richtungen bezeichnet (Bennett 1996: 128f.). Dieses Zahlzeichensystem der mykenischen Schriftkultur wurde aufgegeben.

Die Griechen der archaischen Ära übernahmen im 8. Jh. v. Chr. das Alphabet in seiner phönizischen Variante und passten es den Lautstrukturen der griechischen Sprache an. Zeichen für Konsonanten, die es im Phönizischen, jedoch nicht im Griechischen gab, wurden «umfunktioniert» und zur Schreibung griechischer Vokale verwendet. Ebenfalls von den Phöniziern inspiriert ist die Zahlenschreibung nach dem Prinzip der Doppelwertigkeit der Buchstaben als Schrift- und Zahlzeichen, wie es auch im Hebräischen verwendet wird. Das griechische Alphabet umfasst mehr Buchstaben als das semitische. Daher können auch mehr Zahlwerte damit bezeichnet werden. Während die Buchstabenordnung im hebräischen Alphabet nur die Schreibung bis zur Zahl 400 erlaubt, reicht die Anzahl der Buchstaben im griechischen Alphabet zur Bezeichnung der Hunderter bis 900 (Abb. 17).

Genau betrachtet haben die Griechen nur die elementare Idee der Zahlbuchstaben von den Phöniziern übernommen. Sie haben das Prinzip weiterentwickelt und zusätzlich eine eigene lokale Variante ausgebildet. Als Alternative zum semitisch inspirierten System der Doppelwertigkeit von Schriftzeichen wurde im griechischen Kulturkreis eine Zahlen-

ALTPHÖNIKISCH			KLASSISCH GRIECHISCH		
Zeichen	Lautwert	Zahlwert	Zeichen	Lautwert	Zahlwert
𐤀	ʾ	1	Α	a	1
𐤁	b	2	Β	b	2
𐤂	g	3	Γ	g	3
𐤃	d	4	Δ	d	4
𐤄	h	5	Ε	ĕ	5
𐤅	w	6	Ϛ		6
𐤆	z	7	Ζ	z	7
𐤇	ḥ	8	Η	ē	8
𐤈	ṭ	9	Θ	th	9
𐤉	j	10	Ι	i	10
𐤊	k	20	Κ	k	20
𐤋	l	30	Λ	l	30
𐤌	m	40	Μ	m	40
𐤍	n	50	Ν	n	50
𐤎	s	60	Ξ	ks	60
𐤏	ʿ	70	Ο	ŏ	70
𐤐	p	80	Π	p	80
𐤑	ṣ	90	ϡ		900
𐤒	q	100	Ϙ		90
𐤓	r	200	Ρ	r	100
𐤔	š	300	Σ	s	200
𐤕	t	400	Τ	t	300
Y	w		Υ	ü	400
			Φ	ph	500
			Χ	kh	600
			Ψ	ps	700
			Ω	ō	800

Abb. 17: Das griechische Alphabet in seiner historischen Relation zur phönizischen Buchstabenschrift (Haarmann 1992: 287)

schreibung verwendet, die sich – wie die Namengebung der Buchstaben auch – am akrophonischen Prinzip orientiert. Demnach fungiert der Anfangsbuchstabe eines Zahlwortes als Zahlzeichen; z. B. P = 5 (nach griech. *pente* ‹fünf›) oder D = 10 (nach *deka* ‹zehn›). Höhere Zahlwerte werden durch Buchstabenkombinationen bezeichnet; z. B. PD = 50 (5 × 10). Es gab also zwei Systeme von Zahlbuchstaben. Das Grundsystem ist bis heute nicht aufgegeben worden. Man findet es noch gelegentlich in wissenschaftlichen Publikationen, etwa für die Paginierung oder die Nummerierung von Illustrationen (Threatte 1996: 278).

Kulturtransfer zu den Goten und Slawen

Die griechische Tradition der Zahlbuchstaben blieb ebenso wenig wie die Schrift auf das Griechentum beschränkt. In der Spätantike wurde beides an die Goten vermittelt, deren Schriftkultur im 4. Jh. n. Chr. einsetzte. Zu jener Zeit siedelten die Goten noch in Südosteuropa, und zwar auf dem Territorium der ehemaligen römischen Kolonie Dacia (das spätere Transsylvanien). Die gotische Schriftvariante ist eine Abzweigung von der zeitgenössischen griechischen Unzialschrift, die ihren Namen nach den relativ großen Buchstaben erhielt (*litterae unciales* ‹zollhohe Buchstaben›). Die Anzahl der griechischen Buchstaben, die adaptiert wurden, ist ergänzt um verschiedene Zeichen des lateinischen Alphabets (für *f, s, r, j, h* und *q*) sowie um zwei Runenzeichen (für *u* und *o*). Die Zahlwerte der Buchstaben reichen ebenso wie beim griechischen Alphabet bis 900.

Eine zweite Phase intensiven griechischen Kulturtransfers setzte im 9. Jh. ein und stand im Zusammenhang mit der Missionsbewegung in den von slawischen Völkern besiedelten Gebieten in Zentraleuropa (Böhmen und Mähren) und auf dem Balkan (heute Kroatien, Makedonien, Bulgarien). Die griechischen «Slawenlehrer» Konstantin (bekannt geworden unter seinem Mönchsnamen Kyrill) und sein Bruder Method übersetzten griechisch-christliche Literatur und adaptierten die griechische Schrift für das mittelalterliche Slawisch, das damals noch recht einheitlich war und seiner Funktion nach Altkirchenslawisch genannt wird.

Kyrill schuf nicht die nach ihm benannte Schriftvariante, die Kyrillica, sondern das glagolitische Alphabet. Die Zeichen sind zum Teil frei erfunden, zum Teil lehnen sie sich an griechische Buchstaben an. Zusatzzeichen wurden auch aus anderen Schriften adaptiert, so das Zeichen für *sch* wohl aus dem hebräischen Alphabet (Haarmann 1992: 443 ff.). Die kyrillische Schrift dagegen wurde wahrscheinlich von einem Schüler Kyrills, Kliment von Ohrid (Makedonien), ausgebildet, der seine Schöpfung nach seinem Lehrer benannte. Diese jüngere slawische Schrift, die Kyrillica, hat die Glagolica (in ihrer runden Variante) schon im Verlauf des Mittelalters verdrängt. Als Schrift

1.	2.	3.	4.	5.	6.	7.
Ⰰ	Ⰰ	1	а	1	azъ	a
Ⰱ	Ⰱ	2	б	–	buky	b
Ⰲ	Ⰲ	3	в	2	vědě	v
Ⰳ	Ⰳ	4	г	3	glagoli	g
Ⰴ	Ⰴ	5	д	4	dobro	d
Ⰵ	Ⰵ	6	є	5	jestъ	(j)e
Ⰶ	Ⰶ	7	ж	–	živěte	ž
Ⰷ	Ⰷ	8	ѕ/ꙃ	6	ʒělo	ʒ
Ⰸ	Ⰸ	9	з	7	zemlja	z
Ⰹ/Ⰺ	Ⰹ	10	і/ı	10	i	i
Ⰻ	Ⰻ	20	и	8	iže	i
Ⰼ	Ⰼ	30	(ћ)	–	g'ervъ	g'
Ⰽ	Ⰽ	40	к	20	kako	k
Ⰾ	Ⰾ	50	л	30	ljudьje	l
Ⰿ	Ⰿ	60	м	40	myslite	m
Ⱀ	Ⱀ	70	н	50	našь	n
Ⱁ	Ⱁ	80	о	70	onъ	o
Ⱂ	Ⱂ	90	п	80	pokojь	p
Ⱃ	Ⱃ	100	р	100	rьci	r
Ⱄ	Ⱄ	200	с	200	slovo	s
Ⱅ	Ⱅ	300	т	300	tvrьdo	t
Ⱆ	Ⱆ	400	ѹ	400	ukъ	u

1.	2.	3.	4.	5.	6.	7.
Ⱇ	Ⱇ	500	ф	500	frьtъ	f?
Ⱈ	Ⱈ	600	х	600	chěrъ	ch
Ⱉ	Ⱉ	700	ѡ	800	otъ	o
Ⱋ	Ⱋ	800	щ	–	šta	št
Ⱌ	Ⱌ	900	ц	900	ci	c
Ⱍ	Ⱍ	1000	ч	90	črъvь	č
Ⱎ	Ⱎ	–	ш	–	ša	š
Ⱏ	Ⱏ	–	ъ	–	jerъ	ъ
ⰟⰊ	–	–	ъı	–	jery	y
Ⱐ	Ⱐ	–	ь	–	jerь	ь
Ⱑ	Ⱑ	–	ѣ	–	jatь	ě, ja
Ⱓ	Ⱓ	–	ю	–	ju(sъ)	ju
–	–	–	ꙗ	–	ja	ja
–	–	–	ѥ	–	je	je
Ⱔ	–	–	ѧ	900	ę(sъ)	ę
Ⱘ	–	–	ѫ	–	ǫ(sъ)	ǫ
Ⱗ	Ⱗ	–	ѩ	–	ję(sъ)	ję
Ⱙ	–	–	ѭ	–	jǫ(sъ)	jǫ
–	–	–	ѯ	60	ksi	ks
–	–	–	ѱ	700	psi	ps
Ⱚ	Ⱚ	–	ѳ	9	fita	t?
Ⱛ	–	–	ѵ	400	ižica	i

Abb. 18: Buchstaben und deren Namen, Lautwerte und Zahlwerte in den slawischen Schriften Glagolica und Kyrillica (Rehder 2006: 38) Kolumnen: 1. runde und 2. eckige Glagolica mit 3. Zahlwert, 4. Kyrillica mit 5. Zahlwert, 6. Buchstabenname, 7. Lautwert.

der Amtskirche in Kroatien hielt sich die Glagolica (in ihrer eckigen Variante) allerdings bis ins 19. Jh. Die kyrillische Schrift ihrerseits hat sich bei den meisten südslawischen Völkern (Serben, Bosniaken, Makedonen, Bulgaren) und bei allen ostslawischen Völkern (Russen, Weißrussen, Ukrainer, Ruthenen) durchgesetzt (Abb. 18).

Auch die Buchstaben sowohl der Glagolica als auch der Kyrillica sind doppelwertig. Die Zuordnung der Zahlwerte zu einzelnen Buchstaben ist allerdings in den beiden Schriftsystemen unterschiedlich. Die Zahlwerte der glagolitischen Zeichen folgen der slawischen Ordnung der Buchstaben, die der Kyrillica der griechischen (Cubberley 1996: 349). Jahrhundertelang wurden ausschließlich diese Systeme der Zahlenschreibung verwendet. Im Verlauf der Neuzeit haben die arabischen Ziffern auch Eingang in die Schriftkultur der Slawen gefunden, die ihre Sprachen mit der Kyrillica schreiben. In den nichtslawischen Sprachkulturen Russlands, die kyrillisch schreiben, ist das mittelalterliche System der Zahlbuchstaben nie übernommen worden.

Die Zahlenschreibung der Etrusker

Die frühen Kultureinflüsse der Griechen gelangten nicht direkt zu den Römern, sondern über die Etrusker als Mittler. Griechische Handelsgüter wurden von den Römern geschätzt, noch bevor sie in direkten Kontakt mit deren Produzenten traten. Lange Zeit kontrollierten die Etrusker, deren Einfluss bis zu den Kolonien der Magna Graecia in Süditalien reichte, die Handelsrouten über Land und an den Küsten entlang nach Norden. Über die «etruskische Brücke» wurden vielerlei Waren und Ideen aus dem griechisch dominierten Süden zu den etruskischen Handelspartnern in Etrurien transferiert. Dazu gehörte auch die Schrift, nicht aber die Zahlenschreibung. Die Etrusker, die in direktem Kontakt mit den Latinern standen, vermittelten diesen beides, die Schrift, die sie selbst von einem Alphabet westgriechischer Prägung adaptiert hatten, und das von griechischem Einfluss unberührte System der Zahlzeichen, das sie in ihrem kulturellen Erbe aus der Ägäis mit nach Italien gebracht hatten.

Die Herkunft der Etrusker ist bis heute umstritten. Die einen folgen ihren Spuren bis zurück in die Welt der vorgriechischen Kulturen im ägäischen Raum. Die anderen betonen, dass die etruskische Kultur in der historischen Landschaft ihr eigentliches Gepräge erhielt, die nach den Etruskern benannt ist, in der Toscana (‹Land der Tusci›, wie die Etrusker bei den Römern hießen). Sicher waren diejenigen, die aus dem ägäischen Raum auf den alten Handelsrouten der mykenischen Griechen nach Italien migrierten, nicht die Etrusker der historischen Zeit. Aber zahlreiche Charakteristika in der etruskischen Kultur weisen auf altägäische Konvergenzen.

Deutlich sind die alten Verbindungen auch in der Sprache zu erkennen. Das Etruskische ist mit keiner der Sprachen Italiens verwandt. Dies würde man erwarten, wenn die Etrusker einheimisch wären. Auffallende Ähnlichkeiten im Wortschatz und im Sprachbau weist das Etruskische dagegen mit dem Lemnischen auf, der Sprache der Insel Lemnos in der östlichen Ägäis. Das Lemnische ist aus Grabinschriften des 7. Jh. v. Chr. bekannt (Haarmann 2004: 124). Solche Ähnlichkeiten weisen unzweifelhaft auf eine Präsenz der Proto-Etrusker in der Region hin. Eine Betrachtung der etruskischen Zahlenschreibung eignet sich besonders dazu, deren Verwurzelung in den altägäischen Notationssystemen aufzuzeigen und die rätselhafte Abweichung von der griechischen Tradition zu deuten.

Einiges spricht dafür, dass die Etrusker bereits vor der Annahme der griechischen Alphabetschrift eine Schrift verwendeten, und zwar eine Variante der altägäischen Silbenschriften. Hinweise darauf findet man in lateinischen Quellen, in denen erwähnt wird, dass die Etrusker eine alte Schrift besaßen, die nur für rituelle Zwecke verwendet wurde. Auch sind die Buchstaben etlicher Musteralphabete, die in etruskische Keramik geritzt wurden, nach Silben geordnet, und in den älteren Inschriften wurde eine silbische Interpunktion benutzt. Wenn diese alte Silbenschrift der Etrusker im altägäischen Kulturmilieu übernommen wurde, dann steht sie in Beziehung zu den Notationssystemen der Mykener und Minoer, und aus diesem Milieu wird auch die Übernahme eines von der Schrift unabhängigen Systems der Zahlenschreibung verständlich.

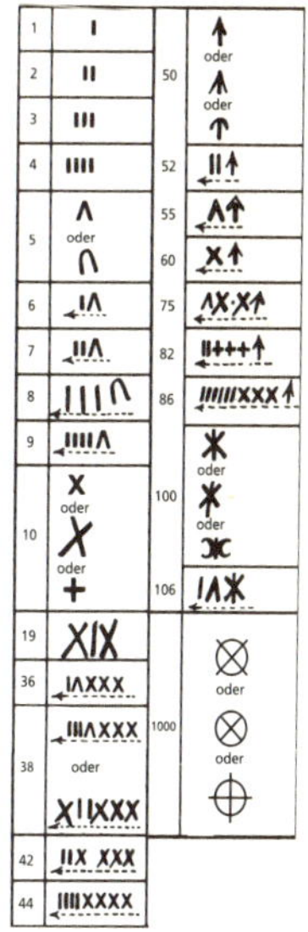

Abb. 19: In etruskischen Inschriften und auf einer Gemme dokumentierte Zahlzeichen (nach Ifrah 1987: 168, 182)

Die Etrusker adaptierten später eine lokale Version des griechischen Alphabets, wahrscheinlich im Kontakt mit den Griechen auf Euböa. Die Zahlzeichen wurden aber nicht aufgegeben. Und dieses System gelangte mit den etruskischen Migranten nach Italien. Seine Zahlzeichen weisen auf klare Ähnlichkeiten mit altägäischen Zeichenformen; dies betrifft niedrige Zahlwerte – z. B. Strichzeichen für die Einser – ebenso wie höhere Zahlwerte – z. B. das Kreiszeichen mit nadelförmigen Durchkreuzungen zur Schreibung von 1000 wie im mykenischen und minoischen Zahlensystem (Haarmann 1995: 173 f.; Abb. 19).

Die «römischen» Zahlen

Die alten Zahlzeichen, die von den Römern verschiedentlich bereits vor der Übernahme der Schrift verwendet wurden (V = 5, X = 10, ein Fächerzeichen für 50, ein Schrägkreuz mit Senkrechtstrich für 100; Abb. 20), entsprechen den etruskischen Zahlzeichen bis auf wenige Umstellungen, und sie stehen in keiner Beziehung zu den lateinischen Zahlwörtern oder den Buchstaben des Alphabets. Erst in der römischen Kaiserzeit wird für 100 einheitlich das Zeichen C (akrophonisch nach dem Anfangsbuchstaben von *centum*) verwendet. Das Gleiche gilt für M, eine Innovation zur Schreibung des Zahlwerts 1000 (nach *mille*/Sg. bzw. *milia*/Pl.). Noch bis in die Kaiserzeit bleiben zahlreiche ältere Varianten von Zeichen zur Schreibung von 1000 in Gebrauch, die sich graphisch sämtlich vom etruskischen Zahlzeichen für 1000 ableiten lassen. Eine dieser Varianten, ein kreisförmiges Zeichen

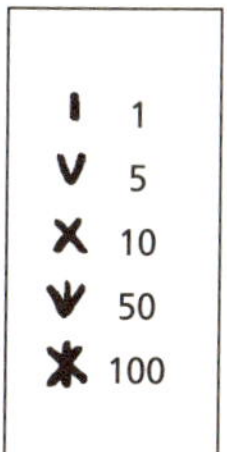

Abb. 20: Alte römische Zahlzeichen (nach Ifrah 1987: 181)

mit senkrechter Diagonale, hat noch eine andere Ableitung hervorgebracht, nämlich das seit der Frühzeit von den Römern verwendete Zahlzeichen D (= 500). Dieses Zahlzeichen sieht nur äußerlich dem Buchstaben D ähnlich, hat aber weder mit diesem noch mit dem lateinischen Ausdruck für 500, *quingenti*, irgendetwas zu tun. Vielmehr ist es entstanden als Halbierung des Kreises mit Diagonale (d. h. als visuelles Äquivalent zur Halbierung des Begriffs 1000). Auch das Zeichen für 50 ähnelt nur äußerlich dem Buchstaben L. Es ist eine Abwandlung (genauer: eine Vereinfachung) der Form des betreffenden etruskischen Zahlzeichens (s. Abb. 19).

Die jüngere Schreibweise der römischen Zahlen verbreitet sich erst im 1. Jh. v. Chr. Das Inventar sieht folgendermaßen aus:

I ‹1›	V ‹5›	X ‹10›	L ‹50›	C ‹100›	D ‹500›	M ‹1000›

Alle weiteren Zahlen werden entweder nach dem Additionsprinzip (Position rechts vom Ausgangszeichen) oder nach dem Subtraktionsprinzip (Position links) zusammengesetzt.

II ‹2›	III ‹3›	IV ‹4›	VI ‹6›	VII ‹7›	VIII ‹8›	IX ‹9›
XX ‹20›	XXX ‹30›	XL ‹40›	LX ‹60›	LXX ‹70›	LXXX ‹80›	XC ‹90›

Zwei Subtraktionen vor einem einzigen Zeichen sind kompositionstechnisch nicht möglich, eine Subtraktion nach links und Additionen nach rechts dagegen schon; es dürfen nicht mehr als drei gleiche Zahlzeichen aneinandergereiht werden, z. B.:

XXXIX ‹39›	XLVIII ‹48›	CLXIV ‹164›	CCXCVIII ‹298›
CDXCIX ‹499›	MDVII ‹1507›	usw.	

Nicht nur etruskische Zahlzeichen, sondern auch bestimmte Zählweisen setzten sich bei den Römern durch und strukturierten das lateinische Zahlwortsystem – nicht aber die lexikalisch-morphologische Substanz der Wörter – um. In lateinischen Zahlwörtern werden bestimmte höhere Zahlwerte mit Hilfe einer Subtraktion von der nächsthöheren Zehnereinheit ausgedrückt. Diese Zählweise ist identisch mit der etruskischen Bildung der entsprechenden Zahlwörter (Facchetti 2000: 288).

Zahlbegriff	*Etruskische Bildeweise*	*Lateinische Bildeweise*
18	esl-em zathrum ‹zwei weniger als 20›	duodeviginti (dass.)
19	thun-em zathrum ‹eins weniger als 20›	undeviginti (dass.)

Dieses Subtraktionsprinzip in den Zahlwörtern tritt jeweils bei allen entsprechenden Positionen der höheren Zahlen auf (d. h. bei der Bildung von 28 und 29, 38 und 39, usw.). Im Etruskischen betrifft es auch noch andere Positionen, die im Lateinischen davon nicht berührt sind; z. B. etrusk. *ci-em zathrum* ‹17› (‹drei weniger als 20›) vs. latein. *sedecim* ‹17› (‹7 + 10›). Von diesen Interferenzeinflüssen des Etruskischen auf das Lateinische sind die Strukturen des Zahlwortsystems stärker betroffen, in der Zahlennotation wird das Subtraktionsprinzip sehr restriktiv gehandhabt (s. o.)

Im Zuge der römischen Expansion über Italien hinaus breitete sich das Lateinische als Amtssprache über das Territorium des Imperium Romanum aus und etablierte sich als Bildungssprache in vielen Regionen mit nichtrömischer Bevölkerung. Römische Kulturgüter, die auch nach dem Zusammenbruch der römischen Macht erhalten blieben, waren das lateinische Alphabet und die römischen Zahlzeichen, die in jedem Winkel der damals bekannten westlichen Welt über das Ende der Antike hinaus tradiert wurden. Die Kulturgeschichte Westeuropas kann man sich ohne die allgegenwärtige Lateinschrift nicht vorstellen. Dagegen besetzen die römischen Zahlzeichen heutzutage nur noch einige Nischenplätze. Ihre Verwendung ist im Wesentlichen auf Denkmäler, Dokumente der katholischen Amtskirche, Seriennummern von Zeitschriftenbänden sowie auf gelegentliche Paginierungen und Jahresangaben in wissenschaftlichen Publikationen beschränkt.

Die Römer waren nicht nur gelehrige Schüler ihrer zunächst etruskischen und später griechischen Zahlenlehrmeister, sie übernahmen auch technische Hilfsmittel zum Rechnen und entwickelten sie weiter. Wenn man von der uralten Tradition des Rechnens mit Stäbchen im chinesischen Kulturkreis absieht, hat die europäische Antike die größte Variation an verschiedenartigen Rechenbrettern hervorgebracht. Dazu gehörten:

- der Münzabacus, der bei Griechen, Etruskern und Römern bekannt war und noch bis ins 18. Jh. in Europa verwendet wurde;
- der Sandabacus, der sich über die griechische und römische Welt hinaus auch in Arabien, Persien und Indien verbreitete;
- der Handabacus, eine Form des populären Kugelbretts.

Die Geschichte des Abacus geht auf das 4. Jh. v. Chr. zurück. Das älteste bekannte Exemplar eines Rechenbretts ist die Rechentafel von Salamis.

Ein sehr erfolgreiches Produkt damaliger Rechenkunst war die römische Version des Rechenbretts. «Auf dem römischen Abakus (...) stand jede Querspalte für eine Zehnerpotenz (1, 10, 100, 1000, 10 000), in der rechten mit den Einern beginnend. Eine Zahl wurde dadurch dargestellt, dass in jeder Reihe die Zahl der jeweiligen Einheiten durch entsprechend viele Steinchen oder Münzen ausgedrückt wurde (...)» (Ifrah 1987: 136). Die Grundmodelle solcher Rechenbretter und deren Fortentwicklungen waren bis in die Neuzeit in Gebrauch. Die Blütezeit der Abaci war die Renaissance, als sich insbesondere italienische Mathematiker (*i maestri d'abbaco* ‹die Meister des Abacus›) in dieser Art zu rechnen hervortaten (Wußing 2008: 310 ff.).

9. Der Weg der indisch-arabischen Ziffern nach Europa

Als die Europäer im Mittelalter mit der islamischen Welt in Kontakt – und oftmals auch in Konflikt – traten, waren sie beeindruckt vom hohen zivilisatorischen Niveau der zeitgenössischen arabischen Gesellschaft. Zahlreiche Erfindungen fanden damals, zusammen mit Handelswaren, ihren Weg von den Arabern nach Europa. Die Europäer glaubten daher, dass alles, was aus Arabien kam, echt arabisch war, und somit hielten sie auch das System der Ziffern und die Erkenntnisse der Mathematik, die sie bei den Arabern kennenlernten, für arabische Errungenschaften.

Tatsächlich war vieles von dem, was aus der arabischen Welt stammte und von den Europäern übernommen wurde, in früheren Perioden von außerhalb des arabischen Kulturkreises erst dorthin transferiert worden, etwa der Kaffee aus Äthiopien oder der Kompass und das Papier aus dem fernen China (Shen 1996).

Der rasante Aufstieg der arabisch-islamischen Zivilisation infolge der drei großen Eroberungs- und Expansionsschübe (632 bis ca. 750) setzte eine geradezu explosionsartige Verbreitung neuer Technologien und neuer Ideen in Gang. Das kulturelle «Kapital» der ursprünglich nomadischen arabischen Gesellschaft erfuhr eine unerhörte Erweiterung im intensiven Kulturkontakt der aufstrebenden islamischen Gemeinschaft mit ihren Nachbarn, sowohl im Westen (Hellenismus im Nahen Osten und Kleinasien) als auch im Osten (Persien und Indien). Aus beiden Richtungen strömten Einflüsse nach Arabien, wo Bagdad im 8. Jh. die Rolle eines Schmelztiegels für eine grandiose Kulturfusion mit Langzeitwirkung übernahm. Über einen Zeitraum von mehr als zwei Jahrhunderten entfaltete sich unter der Dynastie der Abbasiden das größte Übersetzungsprojekt des Mittelalters, die Übertragung antiker griechischer Schriften ins Arabische (Gutas 1998). Vom Standpunkt der europäischen Kulturgeschichte bedeutete dieser Wissenstransfer auch den Erhalt von Werken, die ohne die arabische Übersetzungsleistung verloren gegangen wären, darunter solche von Aristoteles wie «De Anima» (Coleman 1992: 329 ff.).

Auch Werke in Sanskrit fanden Eingang in den gigantischen Übersetzungskanon. Philosophie und Medizin waren bevorzugte Wissenschaftszweige der Werke in griechischer Sprache, aber im Bereich Mathematik war der Blick der wissenshungrigen arabischen Elite auf Indien gerichtet.

Von Indien nach Bagdad

Die Grundlagen der arabischen Mathematik und Astronomie wurzeln in dem Wissen, das in den Übersetzungen akkumuliert wurde. Für die Weiterentwicklung des antiken Wissensgutes genügten aber die übersetzten Texte nicht. Hierfür war der Gedankenaustausch mit lebenden Kulturen erforderlich. Indien wurde von den Arabern wegen des hohen Niveaus seiner Wissenschaften sehr geschätzt; die Abbasiden förderten rege Kultur- und Handelskontakte dorthin. Der Handel zwischen den islamischen Ländern des Vorderen Orients mit Indien lief über den Persischen Golf, so wie schon zu den Zeiten, als die sumerischen Stadtstaaten ihr Handelsmonopol wahrnahmen. Basra war das Tor Arabiens nach Indien. Von dort wurden Spezialisten nach Bagdad gerufen, Handwerker und Wissenschaftler.

«Im Jahre 156 der Hedjra (773 n. Chr.) kam ein in den Lehren seines Landes sehr bewanderter Mann von Indien nach Bagdad. Diesem Mann war die Methode des Sindhid [arabische Transkription des Sanskritwortes Siddhanta] über die Berechnung der Bewegungen der Sterne und der Gleichungen mit dem Sinus von Viertel- zu Viertelgrad geläufig. Er kannte auch verschiedene Methoden, Sonnen- und Mondfinsternisse sowie den Aufgang der Tierkreiszeichen zu bestimmen. Er hatte eine Kurzfassung eines einschlägigen Werkes ... erstellt. ... Der Kalif befahl, die indische Abhandlung ins Arabische zu übersetzen, um den Mohammedanern zu einer genauen Kenntnis der Sterne zu verhelfen» (aus einem Werk von Abu'l Hasan al-Kifti, 12. Jh., zitiert nach Youschkevitch 1976: 5 f.).

Dem ersten Lehrer aus Indien folgten weitere. Die Unterweisungen der indischen Spezialisten fielen auf fruchtbaren Boden und trugen mit der Zeit reiche Früchte. Vor der Ankunft der Lehrmeister aus Indien hatte es keine nennenswerte mathematische Tradition bei den Arabern gegeben. Zwar kannten sie eine Zahlenschreibung nach dem Prinzip der Zahlbuchstaben (wie die Phönizier und die Juden), dieses System war aber nicht weit entwickelt und ist nur lückenhaft dokumentiert in dem spärlichen vorislamischen Schrifttum. Das eigentliche Sprungbrett für die Innovationen, die im arabischen Zahlen- und Rechenwesen stattfanden, war die Rezeption indischen mathematischen Wissens.

Eine der elementaren Neuerungen, die die arabischen Gelehrten schnell von den indischen Kollegen übernahmen und die sich in der arabischen Welt frühzeitig verbreitete, war die Zahlenschreibung mit einem von der Schrift unabhängigen Zeichensystem. Mit voller Berechtigung sprechen Mathematikhistoriker auch statt von den arabischen von den «indisch-arabischen» Zahlzeichen (Ifrah 1987, Wußing 2008). Vergleicht man die Zeichenformen der einzelnen Ziffern nach der indischen und arabischen Schreibung, fällt auf, dass die arabischen Zeichen gedreht sind. Der Grund für diese Drehung, die in der Konvention der Zahlenschreibung durch die Jahrhunderte beibehalten wurde, ist die Gewohnheit der muslimischen Schreiber, Texte von oben nach unten zu schreiben und dann die Schreibunterlage zu drehen, sodass die Richtung der Zeilen beim Lesen von rechts nach links verlief. Andernfalls verwischt ja die schreibende Hand in der Schreibbewegung von rechts nach links die feuchte Tinte.

Die Entwicklung eines Positionssystems mit der Null

Den eigentlichen Durchbruch erlebte die arabische Mathematik nicht durch die Erleichterung der Schreibung mit den einfachen (indisch-adaptierten) Zeichen. Was das System dieser Ziffern zu einem äußerst flexiblen Instrument für das Zählen und Rechnen macht, ist die gesonderte Bezeichnung der Null in der Dezimalposition. Damit wird die Schreibung der Zehner, Hunderter, Tausender usw. auf das einfachste und gleichzeitig praktischste Prinzip reduziert, das je auf die Zahlennotation angewandt worden ist (Abb. 21, S. 115).

Bis heute ist der Ursprung des Null-Begriffs in der Alten Welt nicht völlig geklärt. Die babylonische Mathematik kannte die 0, allerdings wurde sie als strukturierendes Element in einem Positionssystem lediglich im Innern von Zahlenreihen, nicht aber in Endposition geschrieben (s. Kap. 6). Die babylonische Zahlenschreibung geriet in Vergessenheit, als die Keilschrift zu Beginn unserer Zeitrechnung außer Gebrauch kam. Die Idee des Null-Begriffs blieb aber lebendig und wirkte weiter.

Als Konstituente eines Positionssystems lässt sich die 0 im Werk des in Alexandria tätigen Astronomen und Mathematikers Claudius Ptolemäus im 2. Jh. n. Chr. nachweisen (Lloyd 2006: 29). Die Kenntnis der 0 gelangte über verschlungene Wege zu den Aramäern und manifestierte sich in ihrem Zahlzeichensystem. Über die aramäische Tradition der Zahlenschreibung (s. u.) gelangte die Rechenweise des Ptolemäus schließlich zu den Mathematikern Indiens. Dort dominierte zu der Zeit, als der indisch-arabische Kulturaustausch einsetzte, bereits das Ziffernsystem, das entsprechend Eingang in den Kanon der arabischen Mathematik fand.

Im adaptierten indisch-arabischen Zahlensystem hat die Zehn kein eigenes Zeichen, sondern wird durch die Kombination des Einzersymbols mit der 0 zur Identifizierung des Dezimalwertes ausgedrückt (1 + 0 = 10). Dasselbe Schreibprinzip gilt unbegrenzt für sämtliche Dezimalpositionen (d. h. 2 + 0 = 20; 4 + 100 = 400; 7 + 1000 = 7000, usw.).

Diese visuelle Transposition von Zahlwerten macht das Zählen und Rechnen weitaus einfacher, als dies mit Hilfe der Zahlwörter möglich ist. Das System der Zahlwörter – ob nun im Arabischen oder Sanskrit – ist wesentlicher komplexer, denn Zehner, Hunderter und Tausender werden lexikalisch durch eigene Ausdrücke bezeichnet. Nicht minder komplex ist der Umgang mit Zahlbuchstaben, und auch im etruskisch-römischen System haben Zehner, Hunderter und Tausender eigene Zeichen. Es ist daher keine Übertreibung, wenn die Einführung der Null als revolutionäre Innovation bezeichnet wird.

«Betrachtet man eine Null, sieht man nichts; blickt man aber durch sie hindurch, so sieht man die Welt. Denn die Null rückt das große organische Geflecht der Mathematik ins Blickfeld und die Mathematik ihrerseits die komplexe Natur der Dinge. Vom Zählen zum Rechnen, vom Schätzen zum exakten Wissen, wann die Gezeiten der Dinge ihren Höhepunkt erreichen, erlauben uns die glänzenden Werkzeuge der Mathematik, dem schlingernden Kurs zu folgen, den alles durch alles andere hindurch nimmt. Und all ihre Teile schwingen um den kleinsten Dreh- und Angelpunkt: die Null» (Kaplan 2003: 11).

In den zeitgenössischen (d. h. mittelalterlichen) Traktaten der Araber werden die Vorteile des aus Indien übernommenen einfachen Zahlensystems klar erkannt und als solche hervorgehoben: «Wir haben von den Wissenschaften (der Inder) (auch eine Abhandlung über) das Rechnen mit Zahlen übernommen, die von Abu Djafar Mohammed Ibn Musa al-Charismi weiterentwickelt wurde. Es handelt sich dabei um die umfassendste und praktischste, am leichtesten zu begreifende und am mühelosesten zu erlernende Methode; sie bezeugt den durchdringenden Geist der Inder, ihr Schöpfertalent, ihr überlegenes Unterscheidungsvermögen und ihren Erfindergeist» (aus einem Manuskript der Bibliothèque Nationale in Paris; Ms. ar. 2112, 220 Z. 7–10; zitiert nach Woepcke 1863: 479 f.).

Mohammed Ibn Musa al-Charismi (bzw. al-Hwarizmi; ca. 780–850) stammte aus Persien und war als Gelehrter vom Kalifen al-Mamun nach Bagdad berufen worden. Sein Wirken hatte entscheidenden Einfluss auf die Entwicklung der Mathematik bei den Arabern. Der nachhaltige Eindruck, den dieser Mathematiker hinterließ, kommt in der Terminologie zentraler Begriffe zum Ausdruck: «Aus dem Wort *al-gabr* im Titel der ‹Algebra› von al-Hwarizmi wurde schließlich die Bezeichnung *Algebra*: das Herzstück einer Methode wurde zur Bezeichnung der Methode schlechthin. Und der Name des Autors al-Hwarizmi wurde – auf verwickelten historischen Wegen – zum mathematischen Fachwort *Algorithmus*» (Wußing 2008: 241).

Die nichtarabische Herkunft des al-Charismi und die Präsenz indischer Lehrmeister in Bagdad illustrieren besonders eindrücklich die interkulturellen Inspirationen der arabischen Mathematik und ihres Ideengebäudes.

Die aramäischen Ursprünge des indischen Zahlensystems

Die indischen Mathematiker, die in Bagdad tätig waren, vermittelten den Arabern ein Wissen, das nicht allein auf einheimisch-indische Erfahrungen gründete. Jahrhunderte vor den indisch-arabischen Kontakten lernten die Inder ihrerseits die Zahlenschreibung aus einer auswärtigen Quelle kennen, aus der aramäischen Schriftkultur. Die Blütezeit des Aramäischen war die

Periode zwischen ca. 700 und 200 v. Chr. Damals fungierte es als Amts- und Kanzleisprache sowie als Sprache der Diplomatie der Königreiche im Nahen und Mittleren Osten, außerdem als Verkehrs- und Bildungssprache. Von besonderer Bedeutung war der Status des Aramäischen als Amts- und Bildungssprache im Persischen Reich.

Als «Armaya» wurden die Aramäer, ein semitisches Volk, im 11. Jh. v. Chr. erstmals in babylonischen Quellen erwähnt. Seit dem 10. Jh. v. Chr. wurde das Aramäische geschrieben, und zwar in einer Ableitung von der phönizischen Schrift. Aramäische Inschriften sind in weit auseinander gelegenen Gebieten gefunden worden, von der Ostküste der Ägäis, aus dem Süden Ägyptens, aus dem Kaukasus, aus der Arabischen Halbinsel, aus Persien und Afghanistan. Der Einfluss dieser Kultursprache, die Jesus von Nazareth als Muttersprache sprach, reichte bis nach Indien. Von dort sind Inschriften in Aramäisch aus einem so weit entfernten Ort wie Kandahar (im zentralindischen Bundesstaat Marashtra) bekannt.

Die aramäische Schriftkultur strahlte auf andere Kulturen aus, mit denen sie im Kontakt stand. Im Nahen Osten verewigte sich die aramäische Schrift durch ihre wohl eigenwilligste Ableitung, die hebräische Quadratschrift. Den Indern wurde sowohl die Alphabetschrift als auch die Zahlenschreibung vermittelt. Sämtliche Varianten indischer Alphabete lassen sich auf die aramäische Schrift zurückführen (Haarmann 1992: 335 ff.), und dies gilt auch für das System der Zahlzeichen (Ifrah 1987: 503 ff.).

Seit dem 3. Jh. v. Chr. traten zwei nach aramäischem Vorbild in Indien ausgeformte Schriftvarianten zur Schreibung einheimischer Sprachen (z. B. des Prakrit der mitteldindischen Periode) auf, die Kharosthi-Schrift und die Brahmi-Schrift. Beide finden sich in der Sammlung von Inschriften des Königs Asoka (272–231 v. Chr.), des bedeutendsten Herrschers der Maurya-Dynastie. Die Kharosthi-Schrift ist immer auf Nordwestindien beschränkt geblieben, während sich die Brahmi-Schrift, die die andere Schriftart im Verlauf des 5. Jh. n. Chr. endgültig verdrängte, über ganz Indien verbreitete und viele Lokalalphabete hervorbrachte.

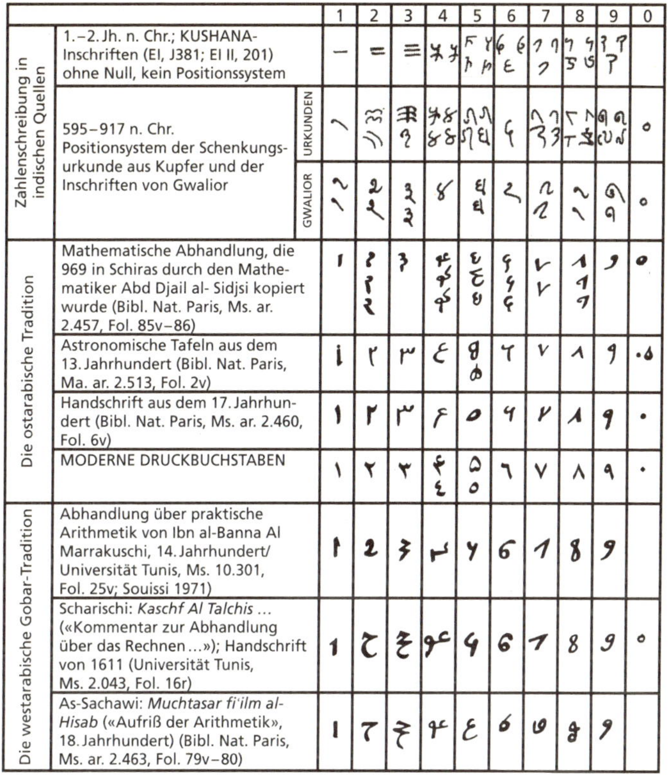

Abb. 21: Der indisch-arabische Transfer im Überblick
(nach Ifrah 1987: 506, 518, 527)

Charakteristisch für die semitische Tradition der Zahlenschreibung war die Verwendung von Zahlbuchstaben neben einem eigenen Ziffernsystem. Diese Dualität lässt sich für die phönizischen und aramäischen Inschriften nachweisen. Die Inder haben beide Prinzipien adaptiert, und zwar in folgender Korrelation mit den frühen Schriftvarianten (Bühler 1896: 73 ff.):

- Kharosthi-Schrift: Verwendung von Zahlzeichen
- Brahmi-Schrift: Verwendung von Zahlbuchstaben

Das System der Zahlbuchstaben wurde in Kombination mit der Brahmi-Schrift bis zum Ende des 6. Jh. n. Chr. ausschließlich verwendet. Danach war alternativ auch das Ziffernsystem gebräuchlich, das wiederum im Verlauf des Mittelalters die Schreibung mit Zahlbuchstaben ablöste.

Wenn man die indischen Zahlzeichen in den mittelalterlichen Quellen mit den (ost)arabischen vergleicht, muss man in Rechnung stellen, dass sich die Schreibkonventionen u. a. aus Verschiebungen (z. B. Drehung) der ursprünglichen Zeichen entwickelt haben (Abb. 21). Die westarabischen Zeichenvarianten waren für die Ausbildung des europäischen Ziffernsystems ausschlaggebend.

Die Übernahme der Ziffern in Europa

Die indisch-arabische Fusion mathematischen Wissens entfaltete sich an der östlichen Peripherie des arabisch-islamischen Kulturkreises, Tausende von Kilometern von der Region entfernt, die zur Drehscheibe für den Transfer der Ziffern nach Europa werden sollte.

Die arabisch-islamische Expansionsbewegung weitete sich im 8. Jh. nach Westeuropa aus. Im Jahre 711 setzten arabisch-berberische Elitetruppen über die Meerenge von Gibraltar nach Spanien über, besiegten das Heer der Westgoten und machten sich binnen kurzem fast die gesamte Pyrenäenhalbinsel botmäßig. Zur gleichen Zeit, als indische Mathematiker in Bagdad wirkten, legten die Araber in Spanien das Fundament für ihre 500 Jahre lange Präsenz in Europa. Diese Präsenz war weit mehr als eine Kolonialphase in der Kulturgeschichte Europas. Die Pyrenäenhalbinsel wurde zum Schauplatz politisch-ideologischer Konflikte zwischen der christlichen und islamischen Welt, die sich in den zahlreichen kriegerischen Auseinandersetzungen der Reconquista (‹Rückeroberung› Spaniens durch die christlichen Königreiche des Nordens) entluden.

Die kulturellen Einflüsse aus dem Süden gingen ihre eigenen Wege – jenseits weltanschaulicher Zwistigkeiten. Konkret lässt sich arabischer Einfluss auf die christliche Kultur seit der zweiten Hälfte des 10. Jh. nachweisen. Die erste schriftliche Quelle, in der die arabischen Zahlzeichen von einem christlichen Schreiber adaptiert werden, ist eine in Nordspanien (Kloster Albeida) entstandene Handschrift (Codex Vigilanus) aus dem Jahre 976.

Über Spanien lief der Ideenaustausch des christlichen Europa mit der islamischen Welt, aber auch mit dem Kulturschaffen der Juden (Sepharden). Die Zeit der arabischen Herrschaft in Spanien (al-Andalus) wird in der jüdischen Chronologie als das «goldene iberische Zeitalter» bezeichnet. Im Jahre 1130 wurde in Toledo eine Übersetzerschule gegründet, und jüdische Gelehrte waren an den umfangreichen Übersetzungsprojekten arabischer Quellen ins Lateinische und Hebräische beteiligt (Haarmann 2007: 217f.).

Die Schreibung der Zahlen nach der frühen ostarabischen Tradition bildete im Laufe der Zeit verschiedene lokale Variationen aus. Die bedeutendste Variante wurde die im Westen der islamischen Welt, im Maghreb und in al-Andalus, verwendete. Dieser Schreibstil wird G(h)obar-Schrift genannt. Der arabische Ausdruck *ghobar* bedeutet ‹Staub› – ein Hinweis auf die Gewohnheit, Zahlen zum Zweck des Rechnens auf den sandigen Boden zu «schreiben» oder auf Tafeln, die mit Sand bestreut waren. Die Europäer lernten diese Ziffern gemäß der westarabischen Schreibgewohnheit kennen (s. o. Abb. 21).

Die Frühgeschichte der arabischen Ziffern in Europa steht im Zusammenhang mit dem Wirken von Gerbert von Aurillac (geb. um 945 in Aquitanien), der im Jahre 999 als Sylvester II. zum Papst gewählt wurde. Als junger Mönch besuchte Gerbert Spanien (von 967 bis 970), studierte im Kloster Santa Maria de Ripoll in Katalonien Mathematik und Astronomie und lernte dort die Zahlen und Rechenmethoden der Araber aus al-Andalus kennen. Später leitete er die Domschule in Reims (972–982), von wo seine Lehren in andere Kulturzentren ausstrahlten. Gerbert ist der entscheidende Durchbruch für die Kenntnis der arabischen Ziffern und des Astrolabium in Europa zu verdanken.

Es waren aber nicht die arabischen Zahlzeichen allein, der die arabische Mathematik ihren fortschrittlichen Ruf im Mittelalter verdankte. Entscheidend war der Umfang mathematischen Wissens, das dahinter stand. Europäer lernten bei den Mauren Spaniens die Kulturschätze der griechischen Antike in arabischer Gestalt kennen, und zwar in dem Maße, wie griechische Originalquellen, die in Bagdad übersetzt worden waren, wieder rückübersetzt wurden in eine der europäischen Bildungssprachen. Kurios, aber wahr: Die «arabische» Mathematik der Europäer basierte auf grundlegenden Werken in lateinische Übersetzungen von arabischen Versionen griechischer Originale. Adelard von Bath etwa brachte im 12. Jh. eine lateinische Übersetzung der «Elemente» des Euklid aus Spanien nach England; Gerhard von Cremona entdeckte im 12. Jh. in der Übersetzerschule von Toledo eine Version des «Almagest» des Ptolemäus. Adelard übersetzte selbst Werke von al-Charismi (s. o.), einem namhaften persischen Mathematiker in arabischen Diensten.

Das Rechnen mit den arabischen Ziffern bot gegenüber den in Europa seit der Antike verbreiteten Methoden einen klaren Vorteil. Aus den Berichten Isidors von Sevilla (gest. 636) und später des Beda Venerabilis (gest. 735) geht hervor, dass die Europäer damals mit den Fingern rechneten. Die römischen Zahlzeichen eigneten sich nicht fürs praktische Rechnen, sondern wurden vorzugsweise zum Aufzeichnen von fertig gerechneten Summen verwendet. Die arabischen Mathematiker waren aber zu Gerberts Zeiten längst daran gewöhnt, ihre Zahlen in Sand zu schreiben und damit zu rechnen. Diese Praxis wurde von Gerbert in seinem Unterricht angewandt. Und die von ihm ausgedachte Modernisierung des römischen Abacus (s. Kap. 8) mit seinen begrenzten Rechenmöglichkeiten wurde von Gerberts Schülern weitergeführt. Mit dem im 11. Jh. eingeführten neuen Modell des Abacus konnten auch komplexere Rechnungen ausgeführt werden (Ifrah 1987: 529 f.).

Die regionalen Schreibgewohnheiten der arabischen Ziffern waren lange Zeit uneinheitlich. Vom 12. bis zum 16. Jh. zog sich der Prozess einer allmählichen Vereinheitlichung hin. An einer Besonderheit der mittelalterlichen Zahlenschreibung lässt sich auch erkennen, dass sich die arabischen Ziffern eher über das praktische Rechnen mit dem modernisierten Abacus und weniger über die Handschriften verbreiteten. Auf den ersten Blick mag die Vielfalt der Zeichenformen, denen man in den Urkunden begegnet, ganz allgemein auf die lokale Variation landschaftlicher Schreibstile schließen lassen. Tatsächlich steht dahinter wohl ein anderer Grund, der mit der Verwendung von kleinen Hornscheiben (*apices* genannt) statt der Kieselsteine des römischen Abacus zusammenhängt. Auf diesen Hornscheiben waren die Ziffern notiert. Da die Aufstellung der *apices* an keine bestimmte Position gebunden war, konnten die Ziffern auf den Scheiben im Verhältnis zur Horizontalen unterschiedlich gedreht auftreten. Diese Deutung ist nicht neu, scheint aber in der Forschung zwischendurch in Vergessenheit geraten zu sein. Schon Beaujouan (1947:307) wies darauf hin: «Unter diesen Umständen ist es wahrscheinlich, dass man in vielen Schulen die apices verdreht benutzte. Deshalb ersetzten auch manche Schreiber die korrekte Ausgangsform durch eine ihnen gerade geläufige; die Verwirrung wurde so sehr bald unauflösbar, da nun selbst die Bücher die verkehrte Position anstelle der richtigen vermittelten.»

In den Anfängen des Buchdrucks (d.h. seit 1455) beachtete man die Konventionen der landschaftlichen Schreibstile. Bald allerdings machte die Herstellung der Lettern für den Druck die Festlegung einer Ausgleichsform erforderlich. In der ersten Hälfte des 16. Jh. war dieser Prozess im Wesentlichen abgeschlossen. Seither werden die arabischen Ziffern relativ einheitlich geschrieben. Lediglich die Gestalt der Ziffern 4 und 7 hat sich gegenüber damals leicht verändert (Abb. 22).

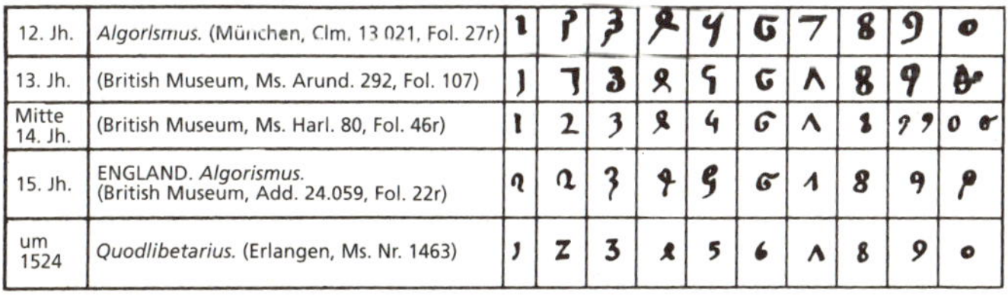

Abb. 22: Die Schreibung der Ziffern in europäischen Texten des 12. bis 16. Jh. (nach Ifrah 1987: 535)

Die Null als exotischer Nachzügler

Beim Rechnen mit dem Abacus ist die 0 nicht erforderlich. Dieser Umstand bedingte die paradoxe Situation, dass einerseits durch das praktische Rechnen mit dem modernisierten Abacus die arabischen Zahlzeichen bekannt wurden, dass aber andererseits die außerordentlich praktische 0 als letzte der Ziffern Eingang in den Kanon der europäischen Mathematik fand, nämlich erst im Laufe des 12. Jh.

Es sollte lange dauern, bis diese mysteriöseste aller Ziffern in Europa allseits akzeptiert wurde. In der Welt des Mittelalters mit ihrer Fixierung auf religiös-weltanschauliche Kontroversen waren viele Neuimporte suspekt. «Alles, was in die damals noch weitgehend bäuerliche Kultur des Westens importiert wurde, hatte gute Chancen, misstrauisch beäugt zu werden. Und alles, was aus dem Osten kam, war besonders gefährlich, war er doch die Heimstatt alter und noch mächtiger Ketzereien» (Kaplan 2003: 105 f.). Die 0 bezeichnete etwas, was es nicht gibt, das Nichts, und doch hatte sie so viele verschiedene Namen, dass man ihre Existenz nicht leugnen konnte.

Viele Gelehrte taten sich schwer, mit einer Zahl umzugehen, die – gemäß einer französischen Quelle aus dem 15. Jh. – so «schattenhaft und hinderlich» (franz. *donnant ombre et encombre*) war. Für das aufstrebende Bankwesen spielte die 0 lange keine Bedeutung und wurde nur zögerlich zum Rechnen und für das Zahlenschreiben angenommen. Die Buchhaltung musste noch lange auf die Verwendung der 0 und der anderen Ziffern verzichten (Kaplan 2003: 114):

- Aus dem Jahre 1299 ist eine Verfügung des Stadtrats von Florenz bekannt, wonach verboten war, Summen in Kontobüchern in Zahlen auszudrücken; die Eintragungen hatten in Worten ausgeschrieben zu sein.
- In einem Traktat über Buchhaltung aus Venedig wird angemahnt, nur die alten (d. h. römischen) Zahlen zu benutzen.
- Die Buchhändler in Padua waren gehalten, ihre Bücher mit in Buchstaben ausgedrückten Preisen zu versehen.
- Vom Ende des 15. Jh. stammt eine Verfügung des Bürgermeis-

ters von Frankfurt, der seine Buchhalter anweist, keine Ziffern zu gebrauchen.

- Ende des 16. Jh. ergeht eine Verordnung der Stadt Antwerpen, die Kaufleuten untersagt, Ziffern für Eintragungen von Summen in Kaufverträgen oder Wechseln zu verwenden.

Ein Umschwung im Denken der Europäer erfolgte eigentlich erst mit Beginn der Neuzeit. Die praktische Erfahrung im Umgang mit den arabischen Ziffern und besonders mit der Null gab womöglich den Ausschlag dafür, dass die orientalische Zahlenschreibung schließlich anderen Traditionen vorgezogen wurde. Die ersten Rechenbücher in Deutschland – von Ulrich Wagner (1493) und von Adam Riese (1529) – behandeln beide Rechenarten, die mit den Linien auf dem europäischen Rechenbrett und die mit den arabischen Ziffern (Wußing 2008: 329 ff.). Wagner überlässt es seinen Lesern, welche Methode sie vorziehen. Adam Riese äußert sich differenziert, indem er für das Zählen das Rechenbrett mit Linien empfiehlt, aber den Ziffern den Vorrang beim Rechnen gibt: «Ich habe befunden in Unterweisung der Jugend, dass alleweg die, so auf den Linien anheben, des Rechnens fertiger und lauftiger werden, denn so mit den Ziffern, die Feder genannt, anfahen. In den Linien werden sie fertig des zelens und für alle exempla der kaufhendel und Hausrechnung schöpffen sie einen bessern grund. Mügen alsdann mit geringer Mühe auff den Ziffern ihre Rechnung vollbringen» (aus Rieses Rechenbuch, 1529; zitiert nach Kaplan 2003: 124).

Die Benennungen der ‹0›, die sich in den Sprachen Europas entwickelten, gehen auf zwei sprachliche Traditionen zurück: 1.) auf den ursprünglichen arabischen Ausdruck *(sifr)*, der seinerseits eine Lehnübersetzung des indischen Ausdrucks für die Null ist (Sanskrit *sunya* ‹die Leere›); 2.) auf den Begriff der «Leere» bzw. des «Nichts» in seiner lateinischen Form, *nulla figura* (wörtl. ‹keine bzw. leere Zahl›) oder abgekürzt *nulla*.

Der italienische Mathematiker Leonardo von Pisa (genannt Fibonacci) bezeichnete zu Beginn des 13. Jh. in seinem Werk «Liber abaci» die 0 als *cephirum*, woraus im Italienischen *zefiro* wurde. Die Kurzform *zero* findet sich zuerst in dem Traktat «De arithmetica opusculum» (Florenz, 1491) von Philippi Calandri.

In der Renaissance – vom 13. bis 15. Jh. – galt die italienische Mathematik als führend (Wußing 2008: 313 ff.). Auf ital. *zero* gehen die betreffenden Ausdrücke in mehreren anderen Sprachen zurück (> franz. *zéro*, span. *zero*, engl. *zero* usw.).

In außereuropäischen Sprachen, die mit dem Arabischen in direktem Kontakt gestanden haben, ist arab. *sifr* mit der Bedeutung ‹0› entlehnt worden (> türk. *sifir*, pers. *sefr*, swahili *sifuri*, u. a.). In vielen weiteren Sprachen bezeichnet das Lehnwort in seiner Vollform dagegen die arabischen Zahlzeichen im Allgemeinen (> dt. *Ziffer*, franz. *chifre*, ital. *cifra*, engl. *cipher/cypher*), mit zahlreichen semantischen Verschiebungen und Erweiterungen in den Einzelsprachen (Osman 1992: 129 f.).

Die Grundbedeutung von arab. *sifr*, die Idee des «Nichtvorhandenseins», der Zahl ohne Inhalt, war entscheidend für Benennungen der ‹0›, die sich unabhängig von der arabischen Terminologie am Lateinischen als mittelalterlicher Sprache der Wissenschaften bzw. am Italienischen *(nulla)* als Modesprache der Mathematik orientierten: > dt. *Null*, russ. *nol'*, serb. *nul(a)*, schwed. *noll*, finn. *nolla*, usw.). Dies gilt auch für griech. *medhen* (‹nicht eines; nichts›), das sinngemäß dem latein. *nulla (figura)* entspricht; es ist jedoch nicht in andere Sprachen entlehnt worden.

10. Das binäre System

Wie die Geschichte der Mathematik zeigt, taten sich die Europäer im Mittelalter schwer, den praktischen Umgang mit den arabischen Zahlzeichen und insbesondere mit der Ziffer 0 zu lernen. Dabei war gerade die Null wegen ihrer spezialisierten Funktion im Positionssystem der Zahlen dafür prädestiniert, eine zentrale Rolle in einem modernen Ordnungssystem zu übernehmen, das innerhalb kürzester Zeit für unsere Welt unverzichtbar geworden ist. Es basiert auf den beiden elementaren Einheiten des gesamten Zahlenwesens: 0 und 1.

Im binären Code der Computertechnik wird die historische Auffassung von der 1 als Ausdruck der Einheit gegenüber der 0 als Idee des Nichts transformiert zur Opposition von «Impuls» und «Nicht-Impuls», von «Ja» und «Nein», in den Anfängen dieser Technologie, als man noch mit Lochkarten arbeitete, ganz banal sichtbar als «Loch» oder «Nicht-Loch». Mit der Kombinatorik von 0 und 1 werden alle anderen Zahlen und numerischen Begriffe dargestellt, bis in astronomische Dimensionen. Das digitale System (nach engl. *digit* < (Zahlen)Stelle, Einer› < latein. *digitus* ‹Finger›) folgt den Prinzipien der binären Arithmetik, es erinnert kaum noch an vertraute Zahlenreihen:

Traditionelle Zahlenreihe	0	1	2	3	4	5	6	7	8	9	usw.
Digitale Zahlenreihe	0	1	10	11	100	101	110	111	1000	1001	

Auf der Basis des binären Systems lassen sich sämtliche Zahlen und Rechenoperationen erfassen, dazu Schriften und Texte, Bilder und Musik, Stoffwechselvorgänge und Hirnströme, chemische und physikalische Prozesse, Abläufe des Alltags- und Wirtschaftslebens, die gesamte moderne Kommunikation. Weite Bereiche unserer Welt sind digitalisierbar und damit vernetzbar – mit allen bekannten Nutzungsmöglichkeiten und Risiken.

Trotz aller rasant wachsenden Möglichkeiten ist ein Computer aber nach wie vor eine Rechenmaschine, ein moderner Super-Abacus, selbst der sagenhafte Quantencomputer – wenn es ihn einmal gäbe –, der mit 10^{122} Bit Speicherkapazität alle Erscheinungen unseres Kosmos berechnen und simulieren könnte (Lloyd 2006).

Die Leistung eines Computers können wir aber erst nachvollziehen und nutzen, wenn der binäre Code wieder transponiert wird. Wir zählen und rechnen nämlich nicht im binären System; weder beim Kopfrechnen noch bei der Benutzung eines Taschenrechners. Wir denken und planen auch nicht im binären Zahlensystem, sondern in unseren traditionellen Zählweisen, etwa im Sexagesimalsystem für Zeitintervalle, vor allem aber im Dezimalsystem, das tatsächlich seinen globalen Siegeszug angetreten haben. Und schließlich hat weder das binäre System noch die globale Digitalisierung eine Auswirkung auf Assoziationen, Vorstellungen und Gefühle, die die symbolischen, geheimnisvollen oder gar magischen Kräfte der Zahlen ausüben können.

Literaturhinweise

Anati, E. (1979). La préhistoire des Alpes. Les camuniens, aux racines de la civilisation européenne. Mailand

Anthony, D. W. (2007). The horse, the wheel and language. Princeton, N. J./Oxford

Aspillera, P. S. (1982). Basic Tagalog. Vermont/Tokyo (11. Aufl.)

Beaujouan, G. (1947). Étude paléographique sur la «rotation» des chiffres et l'emploi des apices du Xe au XIIe siècle, in: Revue d'Histoire des Sciences 1947, 1: 301–313

Bennett, E. L. (1996). Aegean scripts, in: Daniels/Bright 1996: 125–133

Berrin, K./Pasztory, E. (Hg.) (1993). Teotihuacan. Art from the city of the Gods. London

Bischoff, E. (2001). Mystik und Magie der Zahlen. Köln (Neudruck d. Ausgabe von 1920)

Brunner, H. (1967). Abriß der mittelägyptischen Grammatik. Graz

Bühler, G. (1896). Indische Palaeographie von circa 350 a. Chr.–circa 1300 p. Chr. Straßburg

Cashdan, E. (1989). Hunters and gatherers: Economic behavior in bands, in: Plattner 1989: 21–48

Cauty, A. (2006). Die Arithmetik der Maya, in: Ethnomathematik – Spektrum der Wissenschaft 2006, 2: 16–21

Cauty, A./Hoppan, J.-M. (2006). Die zwei Nullen der Maya, in: Ethnomathematik – Spektrum der Wissenschaft 2006, 2: 22–25

Coe, M. D. (1992). Breaking the Maya code. London

Coleman, J. (1992). Ancient and medieval memories. Studies in the reconstruction of the past. Cambridge/New York/Sydney

Comrie, B. (2005). Numeral bases, in: Haspelmath et al. 2005: 530–533

Crump, T. (1990). The anthropology of numbers. Cambridge/New York

Cubberley, P. (1996). The slavic alphabets, in: Daniels/Bright 1996: 346–355

Damerow, P./Englund, R. K. (1987). Die Zahlzeichensysteme der archaischen Texte aus Uruk, in: Green/Nissen 1987: 117–166

Daniels, P. T./Bright, W. (Hg.) (1996). The world's writing systems. New York/Oxford

De Bary, T./Bloom, I. (Hg.) (1999). Sources of Chinese tradition, vol. 1: From earliest times to 1600. New York

Dehaene, S. (1999). Der Zahlensinn oder Warum wir rechnen können. Basel

Diakonoff, I. M. (1983). Some reflections on numerals in Sumerian towards a history of mathematical speculations, in: Journal of the American Oriental Society 103: 85

Dreyer, G. (1998). Umm El-Qaab I. Das prädynastische Königsgrab U-j und seine frühen Schriftzeugnisse. Mainz

Endres, F. C./Schimmel, A. (1988). Das Mysterium der Zahl. Zahlensymbolik im Kulturvergleich. München (4. Aufl.)

Englund, R. K. (1996). The Proto-Elamite script, in: Daniels/Bright 1996: 160–164

Facchetti, G. M. (2000). L'enigma svelato della lingua etrusca. Rom

Gimbutas, M. (1991). The Civilization of the Goddess. The World of Old Europe. San Francisco

Gordon, P. (2004). Numerical cognition without words: Evidence from Amazonia, in: Science (October 2004): 496
Green, M. W./Nissen, H. J. (1987). Zeichenliste der archaischen Texte aus Uruk. Berlin
Gutas, D. (1998). Greek thought, Arabic culture. The Graeco-Arabic translation movement in Bagdad and early Abbasid society (2nd – 4th/8th – 10th centuries). London/New York
Haarmann, H. (1986). Language in ethnicity. A view of basic ecological relations. Berlin/New York/Amsterdam
– (1987). Zur Typologie von Akkulturationsprozessen am Beispiel des sprachlichen Zählens, in: Zeitschrift für Dialektologie und Linguistik LIV/3: 289–315
– (1992). Universalgeschichte der Schrift. Frankfurt/New York (2. Aufl.)
– (1995). Early civilization and literacy in Europe. An inquiry into cultural continuity in the Mediterranean world. Berlin/New York
– (1998). Sign conceptions in Korea, in: Posner et al. 1998: 1881–1898
– (2002). The role of cultural memory for the formative process of Cretan Linear A in the Balkanic-Aegean contact area, in: DO-SO-MO, Fascicula Mycenologica Polona 4: 11–36
– (2004). Lexikon der untergegangenen Sprachen. München (2. Aufl.)
– (2005). The challenge of the abstract mind: symbols, signs and notational systems in European prehistory, in: Documenta Praehistorica XXXII: 221–232
– (2006). Weltgeschichte der Sprachen. Von der Frühzeit des Menschen bis zur Gegenwart. München
– (2007). Foundations of culture. Knowledge-construction, belief systems and worldview in their dynamic interplay. Frankfurt/Oxford/New York
Harper, P. O./Aruz, J./Tallon, F. (Hg.) (1992). The Royal City of Susa. Ancient Near Eastern treasures in the Louvre. New York
Harris, R. (2006). Rechnen ohne Zahlen, in: Ethnomathematik – Spektrum der Wissenschaft 2006, 2: 68–71
Haspelmath, M./Dryer, M. S./Gil, D. (Hg.) (2005). The world atlas of language structures. Oxford/New York
Henshilwood, C. et al. (2002). Emergence of modern human behavior: Middle Stone Age engravings from South Africa, in: Science (Feb. 2002): 1278–1280
Holenstein, E. (2004). Philosophie-Atlas. Orte und Wege des Denkens. Zürich
Huylebrouck, D. (2006). Afrika, die Wiege der Mathematik, in: Ethnomathematik – Spektrum der Wissenschaft 2006, 2: 10–15
Ifrah, G. (1987). Universalgeschichte der Zahlen. Frankfurt/New York (2. Aufl.)
Jouven, G. (1982). Les nombres cachés. Esotérisme arithmologique. Paris
Kaplan, R. (2003). Die Geschichte der Null. München/Zürich
Klingenberg, H. (1969). Möglichkeiten der Runenschrift und Wirklichkeit der Inschriften, in: Frühe Schriftzeugnisse der Menschheit. Göttingen 1969: 177–211
Krause, W. (1966). Die Runeninschriften im älteren Futhark, 2 Bde. Göttingen
Kuhrt, A. (1995). The ancient Near East c. 3000–330 BC, 2 Bde. London/New York
Langer, S. K. (1942). Philosophy in a new key: A study in the symbolism of reason, rite and art. New York
León-Jones, K. S. de (1997). Giordano Bruno and the Kaballah. Prophets, magicians, and rabbis. New Haven/London
Lewin, B. (1959). Abriß der japanischen Grammatik auf der Grundlage der klassischen Schriftsprache. Wiesbaden
Li, X./Harbottle, G./Zhang, J./Wang, C. (2003). The earliest writing? Sign use in the seventh millennium BC at Jiahu, Henan Province, China, in: Antiquity 77, 31–43

Lloyd, S. (2006). Programming the universe. A quantum computer scientist takes on cosmos. New York

Longhena, M. (2000). Maya script. A civilization and its writing. New York/London

Loprieno, A. (1995). Ancient Egyptian. A linguistic introduction. Cambridge/New York

Mallory, J. P./Adams, D. Q. (Hg.) (1997). Encyclopedia of Indo-European culture. London/Chicago

Mangin, L. (2006). Die Quipus der Inka, in: Ethnomathematik – Spektrum der Wissenschaft 2006, 2: 26–29

Marshack, A. (1991). The roots of civilisation: The cognitive beginnings of man's first art, symbol and notation. Mount Kisco, New York

Martzloff, J.-C. (2006a). A history of Chinese mathematics. Heidelberg (2. Aufl.)

– (2006b). Chinesische Astronomie oder Mathematik als Provisorium, in: Ethnomathematik – Spektrum der Wissenschaft 2006, 2: 30–37

Müller, W. (1988). Kleine Geschichte der altamerikanischen Kunst. Die Hochkulturen Mittel- und Südamerikas. Köln

Oakley, K. P. (1961). Man the tool-maker. Chicago

Osman, N. (1992). Kleines Lexikon deutscher Wörter arabischer Herkunft. München (3. Aufl.)

Pärssinen, M. (1992). Tawantinsuyu. The Inca State and its political organization. Helsinki

Plattner, S. (Hg.) (1989). Economic anthropology. Stanford

Posner, R./Robering, K./Sebeok, T. A. (Hg.) (1998). Semiotik/Semiotics. Ein Handbuch zu den zeichentheoretischen Grundlagen von Natur und Kultur/A handbook on the sign-theoretic foundations of nature and culture. Bd. 2/vol. 2. Berlin/New York

Rehder, Peter (Hg.) (2006). Einführung in die slavischen Sprachen. Darmstadt (5. Aufl.)

Rjagoev, V. D. (1977). Tichvinskij govor karel'skogo jazyka. Leningrad

Schele, L./Freidel, D. (1991). Die unbekannte Welt der Maya. Das Geheimnis ihrer Kultur entschlüsselt. München

Schmandt-Besserat, D. (1992). Before writing, vol. I: From counting to cuneiform. Austin, Texas

Schössler, K. (2003). Versuch zur Deutung des Strichmusters auf dem Knochenartefakt Bilzingsleben Nr. 208, 33 – Mondkalender? –, in: Praehistoria Thuringica 9: 29–34

Schröder, W. (1987). Spinoza in der deutschen Frühaufklärung. Würzburg

Shen, F. (1996). Cultural flow between China and outside world throughout history. Beijing

Szemerényi, O. (1960). Studies in the Indoeuropean system of numerals. Heidelberg

Threatte, L. (1996). The Greek alphabet, in: Daniels/Bright 1996: 271–280

Urton, G. (2003). Signs of the Inka khipu. Binary coding in the ancient knotted-string records. Austin, Texas

Wigoder, G. (Hg.) (1989). The encyclopedia of Judaism. Jerusalem

Williams, C. A. S. (2006). Chinese symbolism and art motifs. Tokyo/Vermont/Singapur (4. Aufl.)

Winn, S. M. M. (2008). The Danube (Old European) script. Ritual use of signs in the Balkan-Danube region c. 5200–3500 BC, in: Journal of Archaeomythology 4: 126–142

Woepcke, F. (1863). Mémoire sur la propagation des chiffres indiens, in: Journal Asiatique 6, sér. 1: 27–79, 234–290, 442–529

Wußing, H. (2008). 6000 Jahre Mathematik. Eine kulturgeschichtliche Zeitreise. Berlin/Heidelberg

Youschkevitch, A. P. (1976). Les mathématiques arabes. Paris

Register

Das Register beinhaltet Stichwörter zu Regionen, Völkern, Sprachen und Zeichensystemen.